珍 藏 版

Philosopher's Stone Series

哲人石丛书

立足当代科学前沿

彰显当代科技名家

绍介当代科学思潮

激扬科技创新精神

珍藏版策划

王世平　姚建国　匡志强

出版统筹

殷晓岚　王怡昀

亚原子世界探秘

物质微观结构巡礼

Atom

Journey Across
the Subatomic Cosmos

Isaac Asimov

[美]艾萨克·阿西莫夫 —— 著

朱子延　朱佳瑜 —— 译

 上海科技教育出版社

出版前言

"哲人石",架设科学与人文之间的桥梁

"哲人石丛书"对于同时钟情于科学与人文的读者必不陌生。从1998年到2018年,这套丛书已经执着地出版了20年,坚持不懈地履行着"立足当代科学前沿,彰显当代科技名家,绍介当代科学思潮,激扬科技创新精神"的出版宗旨,勉力在科学与人文之间架设着桥梁。《辞海》对"哲人之石"的解释是:"中世纪欧洲炼金术士幻想通过炼制得到的一种奇石。据说能医病延年,提精养神,并用以制作长生不老之药。还可用来触发各种物质变化,点石成金,故又译'点金石'。"炼金术、炼丹术无论在中国还是西方,都有悠久传统,现代化学正是从这一传统中发展起来的。以"哲人石"冠名,既隐喻了科学是人类的一种终极追求,又赋予了这套丛书更多的人文内涵。

1997年对于"哲人石丛书"而言是关键性的一年。那一年,时任上海科技教育出版社社长兼总编辑的翁经义先生频频往返于京沪之间,同中国科学院北京天文台(今国家天文台)热衷于科普事业的天体物理学家卞毓麟先生和即将获得北京大学科学哲学博士学位的潘涛先生,一起紧锣密鼓地筹划"哲人石丛书"的大局,乃至共商"哲人石"的具体选题,前后不下十余次。1998年年底,《确定性的终结——时间、混沌与新自然法则》等"哲人石丛书"首批5种图书问世。因其选题新颖、译笔谨严、印制精美,迅即受到科普界和广大读者的关注。随后,丛书又推

出诸多时代感强、感染力深的科普精品,逐渐成为国内颇有影响的科普品牌。

"哲人石丛书"包含4个系列,分别为"当代科普名著系列"、"当代科技名家传记系列"、"当代科学思潮系列"和"科学史与科学文化系列",连续被列为国家"九五"、"十五"、"十一五"、"十二五"、"十三五"重点图书,目前已达128个品种。丛书出版20年来,在业界和社会上产生了巨大影响,受到读者和媒体的广泛关注,并频频获奖,如全国优秀科普作品奖、中国科普作协优秀科普作品奖金奖、全国十大科普好书、科学家推介的20世纪科普佳作、文津图书奖、吴大猷科学普及著作奖佳作奖、《Newton-科学世界》杯优秀科普作品奖、上海图书奖等。

对于不少读者而言,这20年是在"哲人石丛书"的陪伴下度过的。2000年,人类基因组工作草图亮相,人们通过《人之书——人类基因组计划透视》、《生物技术世纪——用基因重塑世界》来了解基因技术的来龙去脉和伟大前景;2002年,诺贝尔奖得主纳什的传记电影《美丽心灵》获奥斯卡最佳影片奖,人们通过《美丽心灵——纳什传》来全面了解这位数学奇才的传奇人生,而2015年纳什夫妇不幸遭遇车祸去世,这本传记再次吸引了公众的目光;2005年是狭义相对论发表100周年和世界物理年,人们通过《爱因斯坦奇迹年——改变物理学面貌的五篇论文》、《恋爱中的爱因斯坦——科学罗曼史》等来重温科学史上的革命性时刻和爱因斯坦的传奇故事;2009年,当甲型H1N1流感在世界各地传播着恐慌之际,《大流感——最致命瘟疫的史诗》成为人们获得流感的科学和历史知识的首选读物;2013年,《希格斯——"上帝粒子"的发明与发现》在8月刚刚揭秘希格斯粒子为何被称为"上帝粒子",两个月之后这一科学发现就勇夺诺贝尔物理学奖;2017年关于引力波的探测工作获得诺贝尔物理学奖,《传播,以思想的速度——爱因斯坦与引力波》为读者展示了物理学家为揭示相对论所预言的引力波而进行的历时70年的探索……"哲人石丛书"还精选了诸多顶级科学大师的传记,《迷人的科学风采——费恩曼传》、《星云世界的水手——哈勃传》、《美丽心灵——纳什传》、《人生舞台——阿西莫夫自传》、《知无涯者——拉马努金传》、《逻辑人生——哥德尔传》、《展演科学的艺术家——萨根传》、《为世界而生——霍奇金传》、《天才的拓荒者——冯·诺伊曼传》、《量子、猫与罗曼史——薛定谔传》……细细追踪大师们的岁月足迹,科学的力量便会润物细无声地拂过每个读者的心田。

"哲人石丛书"经过20年的磨砺,如今已经成为科学文化图书领域的一个品牌,也成为上海科技教育出版社的一面旗帜。20年来,图书市场和出版社在不断变化,于是经常会有人问:"那么,'哲人石丛书'还出下去吗?"而出版社的回答总是:"不但要继续出下去,而且要出得更好,使精品变得更精!"

"哲人石丛书"的成长,离不开与之相关的每个人的努力,尤其是各位专家学者的支持与扶助,各位读者的厚爱与鼓励。在"哲人石丛书"出版20周年之际,我们特意推出这套"哲人石丛书珍藏版",对已出版的品种优中选优,精心打磨,以全新的形式与读者见面。

阿西莫夫曾说过:"对宏伟的科学世界有初步的了解会带来巨大的满足感,使年轻人受到鼓舞,实现求知的欲望,并对人类心智的惊人潜力和成就有更深的理解与欣赏。"但愿我们的丛书能助推各位读者朝向这个目标前行。我们衷心希望,喜欢"哲人石丛书"的朋友能一如既往地偏爱它,而原本不了解"哲人石丛书"的朋友能多多了解它从而爱上它。

上海科技教育出版社

2018年5月10日

"哲人石丛书":20年科学文化的不懈追求

◇ 江晓原(上海交通大学科学史与科学文化研究院教授)
◆ 刘兵(清华大学社会科学学院教授)

◇ 著名的"哲人石丛书"发端于1998年,迄今已经持续整整20年,先后出版的品种已达128种。丛书的策划人是潘涛、卞毓麟、翁经义。虽然他们都已经转任或退休,但"哲人石丛书"在他们的后任手中持续出版至今,这也是一幅相当感人的图景。

说起我和"哲人石丛书"的渊源,应该也算非常之早了。从一开始,我就打算将这套丛书收集全,迄今为止还是做到了的——这必须感谢出版社的慷慨。我还曾向丛书策划人潘涛提出,一次不要推出太多品种,因为想收全这套丛书的,应该大有人在。将心比心,如果出版社一次推出太多品种,读书人万一兴趣减弱或不愿一次掏钱太多,放弃了收全的打算,以后就不会再每种都购买了。这一点其实是所有开放式丛书都应该注意的。

"哲人石丛书"被一些人士称为"高级科普",但我觉得这个称呼实在是太贬低这套丛书了。基于半个世纪前中国公众受教育程度普遍低下的现实而形成的传统"科普"概念,是这样一幅图景:广大公众对科学技术极其景仰却又懂得很少,他们就像一群嗷嗷待哺的孩子,仰望着高踞云端的科学家们,而科学家则将科学知识"普及"(即"深入浅出地"单向灌输)给他们。到了今天,中国公众的受教育程度普遍提高,最基础的科学教育都已经在学校课程中完成,上面这幅图景早就时过境迁。传统"科普"概念既已过时,鄙意以为就不宜再将优秀的"哲人石丛书"放进"高级科普"的框架中了。

◆ 其实,这些年来,图书市场上科学文化类,或者说大致可以归为此类的丛书,还有若干套,但在这些丛书中,从规模上讲,"哲人石丛书"应该是做得最大了。这是非常不容易的。因为从经济效益上讲,在这些年的图书市场上,科学文化类的图书一般很少有可观的盈利。出版社出版这类图书,更多地是在尽一种社会责任。

但从另一方面看,这些图书的长久影响力又是非常之大的。你刚刚提到"高级科普"的概念,其实这个概念也还是相对模糊的。后期,"哲人石丛书"又分出了若干子系列。其中一些子系列,如"科学史与科学文化系列",里面的许多书实际上现在已经成为像科学史、科学哲学、科学传播等领域中经典的学术著作和必读书了。也就是说,不仅在普及的意义上,即使在学术的意义上,这套丛书的价值也是令人刮目相看的。

与你一样,很荣幸地,我也拥有了这套书中已出版的全部。虽然一百多部书所占空间非常之大,在帝都和魔都这样房价冲天之地,存放图书的空间成本早已远高于图书自身的定价成本,但我还是会把这套书放在书房随手可取的位置,因为经常会需要查阅其中一些书。这也恰恰说明了此套书的使用价值。

◇ "哲人石丛书"的特点是:一、多出自科学界名家、大家手笔;二、书中所谈,除了科学技术本身,更多的是与此有关的思想、哲学、历史、艺术,乃至对科学技术的反思。这种内涵更广、层次更高的作品,以"科学文化"称之,无疑是最合适的。在公众受教育程度普遍较高的西方发达社会,这样的作品正好与传统"科普"概念已被超越的现实相适应。所以"哲人石丛书"在中国又是相当超前的。

这让我想起一则八卦:前几年探索频道(Discovery Channel)的负责人访华,被中国媒体记者问到"你们如何制作这样优秀的科普节目"时,立即纠正道:"我们制作的是娱乐节目。"仿此,如果"哲人石丛书"的出版人被问到"你们如何出版这样优秀的科普书籍"时,我想他们也应该立即纠正道:"我们出版的是科学文化书籍。"

这些年来,虽然我经常鼓吹"传统科普已经过时"、"科普需要新理念"等等,这当然是因为我对科普做过一些反思,有自己的一些想法。但考察这些年持续出版的"哲人石丛书"的各个品种,却也和我的理念并无冲突。事实上,在我们两人已经持续了17年的对谈专栏"南腔北调"中,曾多次对谈过"哲人石丛书"中的品种。我想这一方面是因为丛书当初策划时的立意就足够高远、足够先进,另一方面应该也是继任者们在思想上不懈追求与时俱进的结果吧!

◆ 其实,究竟是叫"高级科普",还是叫"科学文化",在某种程度上也还是个形式问题。更重要的是,这套丛书在内容上体现出了对科学文化的传播。

随着国内出版业的发展,图书的装帧也越来越精美,"哲人石丛书"在某种程度上虽然也体现出了这种变化,但总体上讲,过去装帧得似乎还是过于朴素了一些,当然这也在同时具有了定价的优势。这次,在原来的丛书品种中再精选出版,我倒是希望能够印制装帧得更加精美一些,让读者除了阅读的收获之外,也增加一些收藏的吸引力。

由于篇幅的关系,我们在这里并没有打算系统地总结"哲人石丛书"更具体的内容上的价值,但读者的口碑是对此最好的评价,以往这套丛书也确实赢得了广泛的赞誉。一套丛书能够连续出到像"哲人石丛书"这样的时间跨度和规模,是一件非常不容易的事,但唯有这种坚持,也才是品牌确立的过程。

最后,我希望的是,"哲人石丛书"能够继续坚持以往的坚持,继续高质量地出下去,在选题上也更加突出对与科学相关的"文化"的注重,真正使它成为科学文化的经典丛书!

2018年6月1日

内容提要

　　本书作者从"物质能不能永远分割下去"这一引人入胜的问题入手,深入浅出地介绍了电子、质子、中子、中微子、介子、夸克等构成物质的基本粒子的发现之路,阐释了光、电、同位素、反物质以及相互作用等与基本粒子密切相关的现象及其本质,最后以"小"见"大",从亚原子粒子的角度探讨了宇宙的开端与结局。如此详尽而又生动地介绍科学家对物质基本构成的探索历程,揭示亚原子世界的奥秘,至今尚属鲜见。

作者简介

艾萨克·阿西莫夫(Isaac Asimov，1920—1992)，享誉全球的美国科普巨匠和科幻小说大师。1948年获得哥伦比亚大学生物化学博士学位，1949年起任教于波士顿大学医学院，1958年起成为专业作家。

阿西莫夫知识极其渊博，一生出版了近500部著作，内容涉及自然科学、社会科学和文学艺术等许多领域，曾获代表科幻界最高荣誉的雨果奖和星云终身成就大师奖，在世界各国拥有广泛的读者。卡尔·萨根(Carl Sagan)称其为"一位文艺复兴时代的巨人，但是他生活在今天"。阿西莫夫还被誉为"百科全书式的科普作家"、"这个时代的伟大阐释者"和"有史以来最杰出的科学教育家"。

在阿西莫夫的470本书中计有科幻小说38部，探案小说2部，科幻短篇故事与短篇故事33集，短篇奇幻故事1集，短篇探案故事9集，由他主编的科幻故事118集，科学总论24种，数学7种，天文学68种，地球科学11种，化学和生物化学16种，物理学22种，生物学17种，科学随笔40集，科幻随笔2集，历史19种，文学10种，谈《圣经》的7种，幽默与讽刺9种，自传3卷，以及其他14种。

阿西莫夫的作品也深受中国读者欢迎。他的不少著作已经出版中译本,除本书外,还有《阿西莫夫最新科学指南》、《人生舞台——阿西莫夫自传》、《新疆域》、《新疆域(续)》、《终极抉择——威胁人类的灾难》、《阿西莫夫少年宇宙丛书》、《宇宙秘密——阿西莫夫谈科学》、《不羁的思绪——阿西莫夫谈世事》等。

目　录

第一章

物　质

物质的分割

　　假如你拥有一大堆小巧光滑的鹅卵石,它们多达成千上万。而你又找不到更好的事情去做,那么你可能会决定将它们分成两堆,并使两堆卵石的大小相近。这时你可以丢弃其中的一堆,保留另一堆,并将留下的一堆再分成两堆。对于这两个较小的堆,你仍然可以丢弃其中的一堆,保留另一堆,并将它分成两个更小的堆。对于上述做法,你可以一而再、再而三地重复进行下去。

　　这时你可能会感到纳闷,这样的分堆究竟能持续多久,难道能永远进行下去吗?实际上你很清楚。因为不管开始时你的那堆卵石有多么大,最终总会剩下仅由两颗卵石组成的一个小"堆"。(这事的发生快得惊人。即使你开始分堆时拥有100万颗卵石,在你分了大约20次之后就只剩下两颗了。)如果你把两颗卵石组成的一个堆再分一次,那就只剩下一个由单颗卵石组成的堆;分堆就此结束,同时游戏也结束了。你不可能对一颗卵石进行分堆。

　　不过请你等一下!你还是有机会的。你可以把卵石放在铁砧上,并用锤子连续猛击卵石。卵石会被击成许许多多碎片,这时你又可以将这堆碎片分成愈来愈小的堆,直至最后剩下一个碎片。然后你可以连续猛击剩下的那个碎片,把它击成粉末,然后再将粉末分堆,直至剩下一粒难以用肉眼辨认的粉末粒,从而结束分堆。这时,你还可以继续上述击碎工作,并继续进行这一游戏。

但这是一种不切实际的游戏,因为要想握住一粒粉末,并将其分成更小的颗粒是非常困难的。不过你可以**想象**。假设你可以将粉末击碎成更细的颗粒,而颗粒又能被击碎,获得更细的粒子。现在你再问问自己:这样一直延续下去,还有没有尽头?

这似乎不是一个非常重要的问题,或者说甚至是个不切实际的问题,因为事实上你不可能以任何实际的方法进行这样的实验。你很快就会发现,自己正在处理的物体已经小得看不见了,你甚至不知道是否已将堆分得更小。尽管如此,一些古希腊哲学家仍然向自己提出了这个问题,并引发了一系列的思考,直至2500年后的今天,它仍然占据着人们的头脑。

古希腊哲学家留基伯(Leucippus,公元前490—?)是人们知其名的据信已经考虑这种分割物质问题的第一人,他最终得出结论:这种过程"不能"永远继续下去。他坚信,物质的碎片迟早会达到不可能再将它分得更小的地步。

一个更年轻的古希腊人德谟克利特(Democritus,公元前460—前370),是留基伯的学生之一。他接受了物质碎片会小到不可再分割的观念。他把这样的碎片称为 atomos,在希腊文中意思是"不可分割的"。这种碎片后来在英语中被称为 atom,即原子。对德谟克利特而言,所有物质均由原子聚集而成,如果原子之间存在空隙,那么该空隙中就不包含任何东西。

德谟克利特据说写了60本书阐述他的理论,包括当今被称为原子学说的观念。然而,在那时还没有印刷技术,所有的书都是通过手抄复写的,很难制成许多副本;同时还由于他的观点不受欢迎,这些书被抄写的数量也不多。经历几个世纪之后,这些德谟克利特的书都丢失了,竟然没有一本幸存下来。

当时,大多数哲学家认为,假定某些微小的单个粒子不可分割乃是无法理解的。他们认为,假定每样东西都能被无休止地分割成愈来愈小的物质单元,那才显得更有道理。

尤其是古希腊哲学家柏拉图(Plato,约公元前427—前347)和亚里士多德(Aristotle,公元前384—前322)都不接受原子一说。由于他们是古代哲学家中知识最渊博并享有盛誉的人物,他们的观点便逐渐占了上风,但争论始终未获一致意见。有影响的古希腊哲学家伊壁鸠鲁(Epicurus,公元前341—前270)将原子学说作为其教学的核心。伊壁鸠鲁据说著有300本书(顺便说一句,古代的书往往篇幅不大),但也无一幸存。

对伊壁鸠鲁派而言,这一领域内最重要的人物是古罗马人泰特斯·卢克莱修·卡鲁斯(Titus Lucretius Carus,公元前96—前55),人们通常把他简称为卢克莱修。公元前56年,他发表了一首长诗,其拉丁文的题目为 *De Rerum Natura*(《物性论》),拉丁文的意思是**关于事物的性质**。在这首诗中,他详尽而全面地解释了伊壁鸠鲁的原子学说。

这本书在当时非常流行,但在后来基督教已逐渐流行的几个世纪中,卢克莱修因其观点属于无神论而受到公开指责。他的这一作品不再被抄写复制,而且已有的副本也被销毁或遗失了。尽管如此,还是有一个副本(仅有的一本!)幸存下来保留到了中世纪,并于1417年被发现。这首诗又被重新抄录复制,然后,在半个世纪之后,当印刷技术逐步进入使用阶段时,卢克莱修的诗是首批被印刷的书籍之一。

这首诗传遍了整个西欧,并成为古代原子学说理论知识的最主要来源。法国哲学家伽桑狄（Pierre Gassendi，1592—1655）读完卢克莱修的诗后，他沿用原子学说的观点，写成了最有说服力的著作，从而传播了这一学说。

然而，从留基伯到伽桑狄之间整整2000年，原子学说仅仅是学者们从正反两个方面进行无休止讨论的一个题目。无论是赞同还是反对原子学说，都不能提供**证据**。各类学者都根据该观点中对其较为有利的论点或看上去更合理的论点来决定对原子学说的取舍。谁也没有办法将一种观点强加给坚持另一种观点的人。这只是一种主观的决定，没有一种争论是来自实际感受的。

大约就在这个时候，一些学者开始做实验了；他们向大自然提出问题，谈论并研究这些问题的结果。用这种方法能够得到在科学上使人信服的有力证据；也就是说，这种证据能使主观上持反对意见的人不得不接受他们所反对的观点（假如他们是理智地说实话）。

第一个进行似乎与原子学说有关的实验的人，是英国科学家玻意耳（Robert Boyle，1627—1691）。伽桑狄的著作对他产生了强烈的影响，因此他是一位原子论者。

1662年，玻意耳利用了一个形状像英文字母"J"的玻璃管。玻璃管短的一边是封闭的，而长的一边则是开口的。他从开口的一边倒入水银，水银灌入底部，并将空气挤入短的一边。然后，他又将一些水银倒入玻璃管，这时这部分水银的重量就会压缩短的一边管中的空气，结果使空气所占的体积减小。如果他使长的一边管中的水银柱高度为原来的2倍，则短的一边管中的空气所占的体积为原来的一半。当水银被取出，压力得以释放，则空气所占的体积也增大。这种压力与体积之间的反比关系从那时起就已被称为玻意耳定律。

空气在压力作用下的这种特性，很容易用原子学说来解释。假定空气由分得很开的原子组成，它们之间不含任何东西——这正是德谟克利特提出的观点。(这种说法可以用来解释如下事实,即为什么同样体积的空气要比同样体积的水或大理石轻得多,因为后者的原子可能碰在一起了。)将空气置于压力环境下,就会强迫原子相互靠拢,将一些空隙挤掉,也可以说是减小了体积。一旦压力被释放,则又允许原子向外散开。

这是原子学说第一次占上风。虽然有些人认为假设存在原子似乎并不合理,或者说这种说法也许并不完美,但是没有人能对玻意耳的实验结果提出异议。因为这件事的真实性尤其在于任何人都可以亲自做实验,并得到相同的观测结果。

如果我们必须接受玻意耳的实验结果,那么原子学说就对他的发现作了简单而符合逻辑的解释。而想不用原子学说来解释这一结果却要困难得多。

从那时候起,愈来愈多的科学家成了原子论者,但是这一争论仍未完全结束。(后面我们还将回到这一主题上来。)

元　素

古希腊的哲学家们总是在想,世界究竟是由什么组成的。显然,它是由无数种东西组成的,但是科学家们总想使问题尽量简化。因此,人们总有这样的感觉,认为世界是由一些基质组成的(或者说是由非常少的一些基质组成的),其他任何东西都是这些基质的这种或那种变化形式。

泰勒斯(Thales,约公元前640—前546)据信系提出水是这种基质,而其他所有东西都由水形成这一观点的第一位古希腊哲学家。另一位古希腊哲学家阿那克西美尼(Anaximenes,公元前570—前500)则认为这种基质是气。还有一位赫拉克利特(Heraclitus,约公元前535—前

475)却认为那是火,如此等等。

由于无论用这种或那种方法都得不到切实的证据,也就无法在这些假定中确定哪一种是正确的。古希腊哲学家恩培多克勒(Empedocles,公元前495—前435)采用妥协的办法解决了这一争论。他提出世界是由几种不同的基质,即火、气、水和土组成。亚里士多德又在此基础上增加了"以太"(aether,源自希腊语中"发光"一词)作为一种特殊的物质,发光的天体就由它组成。

这些基质在英语中就被称为elements(元素),它源自表示"未知起源"的一个拉丁语单词。[如今英语中仍然用the raging of the elements(元素的发狂)这一说法来描绘暴风雨。这时雨水倾盆而下,狂风呼啸,熊熊大火则成了闪电。]

已经接受不同元素这种观点的人都是原子论者,他们能够理解每种元素都由一种不同类型的原子组成这一假定,因而,世界一共由四种不同类型的原子构成,另外再加上第五种组成天体的以太。

其实,只用四种类型的原子,已经可以对地球上的大量物体作出解释。人们只要想象,不同的物质是由不同种类、不同数量的原子以不同的排列方式组合而成的。仅仅使用26个字母(或者只用两种符号——点和短横),就有可能构成几十万个不同的英语单词。

然而,在原子学说开始向前发展的时候,四(或五)元素学说已开始衰退。1661年,玻意耳写了一本名为《怀疑的化学家》的书,在这本书中他主张:猜测世界可能由哪些基质组成是毫无用处的。人们必须通过实验来确定它们究竟是什么。任何不能通过化学方法将其分解成更简单组分的物质即为元素。任何可以被分解成更简单组分的物质均不是元素。

从原理上来讲,这是无可争辩的,但是在实践中这并非很容易的事情。有些物质不能被分解成更简单的组分,似乎可以看成是元素,但是随着时间的推移,化学方面的先进技术将有可能将这些物质再分解。再则,当一种物质转变成另一种物质时,往往很不容易确定这两种物质中究竟哪一种更为简单。

不管怎么说,从玻意耳开始,到其后的三个多世纪,化学家们已经通过实验发现了可以被定义为元素的物质。例如,已用这类方法被认定为元素的有大家所熟悉的金、银、铜、铁、锡、铝、铬、铅和汞。气体元素有:氢、氮和氧。而气、水、土和火则不是元素。

目前,已经知道的元素有106种。* 其中83种以相当数量天然出现在地球上,其余23种则或者仅以痕量出现,或者仅能在实验室中制备出来。这就是说,已知的不同类型的原子共有106种。

原子学说的胜利

出现在地球上的大多数物质都不是元素,但可以分解成组成它们的各种元素。由几种元素结合在一起构成的物质被称为化合物(compounds,源自意为“放在一起”的拉丁语单词)。

化学家与日俱增的兴趣,是试图确定每一种特定化合物中可能存在的每种元素的数量究竟有多少。从1794年开始,法国化学家普鲁斯特(Joseph Louis Proust,1754—1826)进行该项研究工作,并获得了关键性发现。普鲁斯特一开始将一种目前被称为碳酸铜的化合物的纯样品分解成3种元素,即它的3个组分:铜、碳和氧。1799年,他发现:每次操作时,无论他准备多少样品,每生成5份铜(以重量计算)总是会生成4份氧和1份碳。如果他在合成碳酸铜时多混入一些铜,那么,多加的铜仍会剩下。如果他少加一些铜,则只有与之成比例的那部分碳和氧与它化合生成碳酸铜,多余的碳和氧都会剩下。

———————

* 到2018年为止,已确认了118种元素,自然界存在的有94种。——译者

普鲁斯特指出，这种现象在他对其他许多化合物进行研究时也被证实，即组成化合物的各种元素总是成一定比例的。这种规律被称为定比定律。

定比定律为原子学说提供了有力的支持。例如：假定碳酸铜由一些小的原子团组成（这些小的原子团被称为分子，源自拉丁语，意为"一小团"），每个小团由1个铜原子、1个碳原子和3个氧原子组成。再假定3个氧原子加在一起的重量等于碳原子重量的4倍，而铜原子的重量又等于碳原子重量的5倍。如果这种化合物的每个分子都按这种方式组合而成，那么，碳酸铜将总是由5份铜、4份氧和1份碳组成。

那么在分子中是否可能包含 $1\frac{1}{2}$ 个铜原子，或 $3\frac{1}{3}$ 个氧原子，或只含5/6个碳原子，即不同碳酸铜样品的三种物质含量比例是否可以变化呢？事实上这个比例是**不**变的。这不仅支持了原子的观点，而且符合德谟克利特提出的原子不可分割的说法。原先的说法像是原封未动，或者说就像什么也没有发现。

然而，事实并非如此，德谟克利特与普鲁斯特所做工作的不同之处在于：德谟克利特仅仅是提出了一种想法；而普鲁斯特则是得到了**证据**。（这样说并不意味着普鲁斯特就一定比德谟克利特更伟大或更聪明，因为他得益于后来21个世纪中人们的思维和工作成就，并从中得到了许多借鉴。你很可能会想到，在这个游戏中，德谟克利特在这么多年以前一下子就能猜中事实真相，这实在是太令人惊讶了。）

即便有了这样的证据，就连普鲁斯特也未能始终坚持自己的思路。毕竟，普鲁斯特的分析也有可能是错的，或者说由于他极力想要证明自己的想法，以至于不知不觉地歪曲了自己的观点。（因为科学家也只是普通的人，这样的事情总会发生的。）

另一位法国化学家贝多莱（Claude Louis Berthollet，1748—1822）全面反对普鲁斯特的思路。他坚持认为**他的**分析表明：化合物可以由不同比例的元素组成。然而,就在1804年,瑞典化学家柏齐力乌斯(Jöns Jakob Berzelius,1779—1848)着手进行了仔细的分析,从而又回到普鲁斯特的观点,向化学界证明,定比定律是正确的。

与此同时,英国化学家道尔顿(John Dalton,1766—1844)也进行了这方面的研究工作。他发现化合物有可能由比例相差悬殊的元素组成。因此,在一种由碳和氧组成的气体分子中,碳和氧的比例可以是3比4;而在另一种由碳和氧组成的气体分子中,碳和氧的比例则又可以是3比8。然而,这是两种不同的气体,它们具有两种不同的配置比例,而其中无论哪一种又都符合定比定律。

道尔顿假设,在一种气体中,其分子由1个碳原子和1个氧原子组成;而在另一种气体中,分子则由1个碳原子和2个氧原子组成。最终,他的观点被证明是正确的,这两种气体后来分别被称为一氧化碳(carbon monoxide)和二氧化碳(carbon dioxide)。(前缀mon源自希腊语,意为"一";di亦源自希腊语,意为"二"。)

道尔顿在其他一些情况下也发现了这类事情,1803年他宣布了这条多比定律。他指出,这与以前的原子观念完全相符;也就是他,把它们称为原子,慎重地回复到使用这一古老的术语,作为对德谟克利特的歌颂。

道尔顿指出,要想解释包含在化合物中的各种元素所占的比例这件事,人们首先必须确认,每一种元素都由大量原子组成,而所有这些原子都具有相同的固定质量;不同元素具有不同质量的原子;分子则由小的、数目固定的不同原子组成。

1808年,道尔顿出版了一本书,书名为《化学哲学新体系》,他收集了所有能找到的支持原子学说的证据,并表明所有这些论据是如何相辅相成的。道尔顿通过这本书建立起了近代原子理论——这里说近代是相对于古希腊而言。

偏巧，**理论**这个词不能被一般公众确切地理解，人们往往认为理论就是一种"猜想"。即便是词典，也不能对科学家确切地说明这个词的含义。

确切地说，理论是一组基本定则；它得到被许多科学家确认的大量观测结果的支持；它能够解释许许多多事实，使之显得很切合实际；但倘若没有这一理论，这些事实似乎又显得相互之间没有联系。这些事实和观测结果就好像杂乱无章地分布在一张纸上的若干个代表城市的点和代表国界及州界的线，并无实际意义。而理论则是一张地图，它使每个点和每条线都处在正确的位置上，成为能将所有点和线联系起来的有实际价值的图。

起初，理论的每一个细节不一定都是正确的，而且也许永远不可能保证每个细节都完全正确，但理论的总体是足够正确的（如果它们是好的理论），足以引导科学家去理解该理论论及的学科，探索进一步的观测结果，并最终改进这一理论。

道尔顿在建立他的原子理论时所用到的每个基本定则都并非完全正确。最终，实际情况表明，一种元素可以具有不同质量的原子；两种元素可以具有一些质量相同的原子；并非所有的分子都由少量的原子组成。然而，道尔顿的定则足够接近于正确，而且非常有用，随着化学家们对原子认识的日益深入，他们就能修正这些定则，这一点我们会在后面看到。

世界上没有一种科学理论是立即就被科学家接受的。总会有那么一些科学家对任何新东西都表示怀疑，不过这也许是件好事。一些理论不应该轻易就被不知不觉地接受；而应该使劲地对其提出问题并进行检验。只有这样，理论中的一些弱点才不至于被掩盖，也许还能得以加强。

偏巧，道尔顿时代的一些最著名的化学家对这一新理论表示怀疑，但实际情况表明,该理论对于帮助理解一些化学方面的观测结果是如此有用,以至于化学家们一个接一个地加入了这一行列,最终使整个科学界都成了原子论者。

原子的真实性

无论原子理论运用得如何好,无论怎样精巧地对它作出改进,也无论怎样用它指明获得新发现的方法,有一件事却始终困扰着人们:那就是没有一个人能见到原子,或者以任何方式对它们进行探测。所有支持原子的证据都是间接的。人们总是从这个事实出发,推断出它们的存在;或者从那个观测结果,推导出它们的存在。然而,所有这些推断和推导都可能是错误的。原子理论好比建立了某种可资运用的方案,但它可能只是一些事物的简化模型,而实际却要复杂得多。当时,运用的方式类似于玩扑克牌时使用筹码。筹码可以用于赌博,能表示输钱或赢钱数目的多少,而且绝对准确。然而,那些筹码毕竟不是钱。它们只是代表钱而已。

然后,我们假定想象中的原子仅仅是玩化学游戏时使用的筹码。在运用原子学说时,原子只是代表了某种非常复杂的真相。甚至在道尔顿之后100年,仍有一些化学家小心地注意到了这一点,他们警告人们,在学术上要谨防过分使用原子这个概念。他们会说:使用它们是完全必要的,不过不要认为它们一定以微小的台球形状切实地存在。有一个名叫奥斯特瓦尔德(Friedrich Wilhelm Ostwald,1853—1932)的旅德俄国化学家就是这样想的。

这个问题在很长一段时间里都得不到答案,然而,答案却是由一位对原子并不感兴趣的科学家提出的一项似乎与原子无关的观测结果开始揭示的。(重要的是要记住:所有的知识都只是某个片断,任何观测结果都可能与某些看起来与之毫不相干的事物具有预想不到和令人惊奇的联系。)

1827年,苏格兰植物学家布朗(Robert Brown,1773—1858)使用显微镜研究悬浮在水中的花粉颗粒。他注意到,每粒花粉都在做微小的不规则运动,起先沿着某个方向,接着又沿另一个方向,仿佛在抖动似的。他认定,这不是由于水的流动引起的结果,也不是由于水的蒸发造成的运动。布朗断定,这肯定是别的什么东西引起的运动。

布朗试着用其他类型的花粉进行同样的实验,结果发现所有的粉粒都以这种方式运动。他想:这会不会是因为花粉质点有生命的缘故?他试着从蜡叶标本中获取花粉,这些粉粒的年龄至少有一个世纪。但它们仍以同样的方式运动。接着他又继续试着对一些不涉及是否有生命这一问题的微小物体(如玻璃屑、煤屑或金属屑)进行了实验。其结果都一样。这一现象后来被称为"布朗运动"。但是,起初没有人能对此作出解释。

然而,在19世纪60年代,苏格兰数学家麦克斯韦(James Clerk Maxwell,1831—1879)试图以气体由永恒运动着的原子和分子组成这一论点为基础,来说明气体的特性。原子永恒运动这一论点曾遭到早期原子论者的怀疑。但是,麦克斯韦第一个成功地运用数学概念推出了这个理论。按照麦克斯韦建立的数学模型,运动着的原子和分子互相弹离并弹离容器壁,其方式完全说明了气体的特性。例如,它可以解释玻意耳定律。

麦克斯韦的这项工作还产生了对温度的新的理解,证明温度是对组成气体的原子和分子的平均运动速度的量度,这不仅适用于气体,同样也适用于液体和固体。即使在固体中,原子或分子被冻结在所处的位置上,它们不能整个地从一点运动至另一点,但那些原子或分子却在它们的平衡位置附近做微小振动,振动的平均速度就代表温度。

　　1902年，瑞典化学家斯韦德贝里（Theodor Svedberg，1884—1971）指出，也许可以通过假定物体在水中受到来自各个方向的运动水分子的撞击来说明布朗运动。通常，来自各个方向分子对物体的碰撞量是相等的，因此物体保持静止状态。诚然，在这个或那个方向完全可能偶尔有稍多一些的分子撞击该物体，然而，由于有那么多的分子在一起撞击，上述细微偏差（即1万亿个中的2或3个）对于实际的平衡状况而言并不会产生明显的运动。

　　假如悬浮在水中的物体非常之小，从各个方向撞击它的分子数量也相对较少，小小的偏差就有可能产生相对说来较大的影响。来自某个特定方向的几个额外的分子对悬浮粒子的轻微撞击造成的推力，使该粒子朝推力的方向运动。而在下一刻，则会在另一个方向产生这种额外的碰撞，粒子便在那个新的方向上被推动。作为对于周围分子随机运动的反应，粒子也做随机的不规则运动。

　　斯韦德贝里仅仅是推测而已，而在1905年，当时在瑞士的爱因斯坦（Albert Einstein，1879—1955）将麦克斯韦的理论用于微小质点的撞击，并十分肯定地证明，那些质点轻微晃动恰与观测到的花粉颗粒的运动完全相同。换句话说，他给出了用以描述布朗运动的数学方程式。

　　1908年，法国物理学家佩兰（Jean Baptiste Perrin，1870—1942）针对实际观测结果着手检验爱因斯坦的方程式。他将一些很细的树脂粉末放入水中。如果水分子没有对它们产生撞击，那么，所有树脂粉粒都应该下沉至容器底部，并滞留在那里。如果存在这种撞击，则有些粉粒会被向上撞而抵消重力的拉曳。诚然，那些粉粒会再次下沉，但是它们还会再一次被向上击起。那些已经在上面的粉粒则会被往上扬击得更高。

　　在任何给定的时候，都会有树脂粉粒向上散布。这时，大多数粉粒会滞留在容器底部，而有一些粉粒则离底面的距离很小，较少一些粉粒距底面稍远一些,更少的粉粒距底面更远一些,以此类推。

由爱因斯坦建立的数学方程式表明了对应于每个高度应存在的粉粒数,该数值取决于粉粒的大小及撞击它们的水分子的大小。佩兰计算出位于不同高度上的粉粒数目,并发现计算结果完全符合爱因斯坦的方程式。由此,他计算出了水分子必须具有的尺度及组成它们的原子所必须具有的大小。

1913年,佩兰公布了他的计算结果。他计算求得的原子直径约为一亿分之一厘米。换句话说,就是将1亿个原子一个挨一个地排在一起,其长度才有1厘米。

这是当时最接近于对原子进行实际观测的事物。即便人们还不能完全看见它们,但已经能看见它们的碰撞产生的影响,并能最终得出它们的实际大小。就连最顽固的科学家也不得不对此作出让步,甚至奥斯特瓦尔德也接受了原子的实际存在,虽然他们还不相信这些模型。

1936年,德国物理学家米勒(Erwin Wilhelm Mueller, 1911—1977)设想了一种装置,它能够将极细的针尖放大到人们能拍摄其图像的程度,构成它的原子排列得好像许多小小的光点。直到1955年人们才真正看到了这样的原子。

然而,人们仍称它为原子**理论**,这是因为它能清楚地用原子的存在来解释多方面的科学事实。请记住,理论不是"猜想",没有一个头脑清醒的合格的科学家会怀疑原子的存在。(证明原子存在的这种情况,对于其他一些已经很好地确立的科学理论来说也是正确的。尽管当时对各种细节的看法仍存在着一些争论,但它们是理论这一事实已经是肯定的了。这对于进化论尤为正确,该理论始终受到那些对科学一无所知的人的攻击,或者更糟的是那些让迷信压倒了悟性的人的攻击。)

原子间的差异

如果存在着不同类型的原子，那么就有理由认为它们的特性必定存在着某些差异。如果不是这样的话，如果所有原子自身的特性都相同的话，那么，为什么有些原子堆积在一起时成为金，而另外一些原子堆在一起又会成为铅呢？

古希腊人所获得的最伟大的智力成就，在于他们发展了严格的几何学。因此，他们中的一些人在思考构成他们的"元素"的原子时，很自然地会用一些几何形状来设想它们。古希腊人认为，水的原子看上去可能像一个个球体，相互之间很容易滑过去，这就是水为什么可以倾注的道理。土的原子呈立方体，且是稳定的，因而土**不能**流动。火的原子则呈锯齿状，而且很尖，这就是火会使人感到灼痛的缘故，如此等等。

在古希腊人的脑海中，对于一类原子不能变成另一类原子这一点并不十分清楚。如果你认为金和铅基本上是土元素的两种类型，那可能会感到特别真切。也许只需将铅中的土原子拉开距离，使它们变成另外一种排列，便可使铅变成金；或者说人们也许只要对铅中的土原子稍加修正即可将它们变成金这种形式。

在大约2000年的历史进程中，各种各样的人，其中不乏一些认真的和有科学头脑的人，同时也包括大量十足的骗子和冒充内行的其他人，他们总想着将铅那样的普通金属变成金这种贵金属。这就被称为变质，英语中称为transmutation，此词源自拉丁语，原意为"转变成希望的状态"。但他们总是失败。

到了现代原子理论被提出的时候，认为原子之间不但互不相同，而且一种类型的原子不能转变成另一种类型的原子，这种观点似乎已经很清楚。每种原子的特性是固定的和永久的，因此，铅原子不可能变成金原子。(随着时间的推移,正如我们将会看到的那样,在非常特殊的情况下,这一点并非**完全**正确。)

不过,倘若不同类型的原子相互不同的话,那么,真正不同的究竟是什么呢?道尔顿提出的推理如下。假如水分子由8份氧和1份氢组成,并且假如该分子由一个氧原子和一个氢原子组成,那么,单个氧原子的重量必定是单个氢原子重量的8倍。(更严格地说应该讲:单个氧原子的"质量"是单个氢原子的8倍。一个物体的重量是指由于地球对它的吸引而受到的力,而一个物体的质量粗略地讲就是它所含的物质的量。质量是这两个概念中更为基本的一个。)

当然,道尔顿没法知道氢原子或氧原子的质量,但是,不管它们是多少,氧原子的质量肯定是氢原子的8倍。你可以说,如果氢原子的质量为1,而不必说1的单位是什么;那么,你就可以说氧原子的质量为8。(事实上,我们现在说氢原子的质量为1道尔顿,乃是为了纪念这位科学家,然而,通常我们仍然把它简称为1。)

此后,道尔顿继续研究含有其他元素的一些化合物,并得出代表所有这些化合物相对质量的一整套数字。他称它们为"原子量"。这一术语至今仍被继续沿用,尽管我们应该把它叫做原子质量。(这种事情是常常会发生的,即科学家们开始使用一个特定的术语,然后发现另一个术语比原先用的术语更好。但是,他们发现要想改变已经为时太迟。因为人们长期以来对那个较差的术语已经太习惯了。在本书中我们还会碰到其他这类情况。)

使用道尔顿确定原子量的方法时,麻烦在于他被迫作出一些假设,而这些假设又太容易出错了。例如,他假设水分子是由一个氢原子和一个氧原子组成的,但是,他却不能对此提供任何证据。

在这种情况下,人们必须寻找证据。1800年,英国化学家尼科尔森(William Nicholson,1753—1815)使电流通过酸性水,获得了氢气和氧气两种气泡。然后,他继续对此现象进行研究,发现生成的氢气容积刚好是氧气容积的2倍,虽然释放出来的氧的质量是容积为其2倍的氢的质量的8倍。

那么,为什么生成的氢的容积与氧相比会是2倍呢?难道水分子是由2个氢原子和1个氧原子组成,而不是每样1个吗?难道氧原子的重量是2个氢原子加在一起的重量的8倍,或者说氧原子的重量是单个氢原子的16倍吗?换句话说,如果氢原子的重量是1,难道氧原子的重量是16,而不是8吗?

道尔顿拒绝接受这种观念。(这种事是常常发生的,即一位伟大的科学家,已经向前迈进了一大步,但却拒绝再多走几步——仿佛这伟大的第一步已经使他精疲力尽——并将它们留给其他人继续向前挺进。)

在这种情况下,是柏齐力乌斯继续向前迈步,将氢定为1,将氧定为16。然后,他继续研究其他一些元素。1828年,他发表了一张原子量表,这张表要比道尔顿的表好得多。根据柏齐力乌斯的研究结果,这一点似乎很清楚,即每种元素都有不同的原子量,每种特定元素的每个原子都有相同的原子量。(这里必须再次提醒大家,这些结论最终可能会被证明并非完全正确。但是,在近一个世纪来,对于化学家来讲,使用它们就已经近乎足够准确了。最终,随着获得更多的知识,这些观点会以各种途径被修正,从而慢慢地改变并不可估量地加强了原子理论。这种对理论的改进,一而再、再而三地发生,这就是科学的自豪。假定事情不是这样,假定理论从一开始就应该绝对正确,那就是假定一个向上通到五层楼的楼梯应该就是单独一格便有五层楼那么高。)

好了,当我们用电流将水分解时,生成的氢的容积是氧的容积的2倍。我们又怎么能由此知道在水分子中存在着2个氢原子和1个氧原子呢?柏齐力乌斯作出如此的假设似乎是合理的,但他也不知道是否确切。尽管此后所得到的证据比道尔顿假定水分子中存在1个氢原子和

1个氧原子所得的证据更多,但这毕竟还只是一种假设。

1811年,意大利物理学家阿伏伽德罗(Amedeo Avogadro, 1776—1856)作了更为普遍的假设。他提出,就任何气体来说,在一个给定的容积中总是含有相同数目的分子。假如一种气体的容积是另一种气体的2倍,那么,第一种气体所含的分子数一定是另一种气体的2倍。这就被称为阿伏伽德罗假说。(假说是一种假设,有时提出假说只是为了看一看将会出现什么样的结果。如果结果与已知的观测结果出现矛盾,那么假说就是错的,可以将它取消。)

当然,当一个有竞争力的科学家提出一项他认为可能是真理的假说时,结果查明此说正确的可能性就比较大。例如,检验阿伏伽德罗假说的一种方法是:在承认假说是事实的基础上,对大量的不同气体进行研究,查明在这些气体的分子中所含的每种不同类型原子的数目。

假如有人这样去做,结果与已有的观测相违,或者结果产生矛盾——假如根据该假说得出的一个系列的论据表明,一种特定的分子必须有某种确定的原子组分;而另一个系列的论据又表明它必须具有不同的原子组分——那么就必须丢弃阿伏伽德罗的假说。

事实上,从来没有人在任何情况下发现使用阿伏伽德罗假说会导致错误。尽管在有些情况下必须对它作出修正,但这个理论已不再是假说了,而被认为是事实。然而,由于化学家们已经习惯于原来的叫法,因此,仍把它叫做阿伏伽德罗假说。

然而,问题在于当阿伏伽德罗假说最初被提出来时,几乎没有化学家对它给予任何关注。他们或是没有听说过它,或是认为它荒谬或无足轻重而不屑一顾。即便是柏齐力乌斯也未使用该假说,因而他的原子量表也到处出错。

到了1858年,意大利化学家坎尼札罗(Stanislao Cannizzaro, 1826—1910)偶尔见到了阿伏伽德罗假说,并看出这就是为了理解某种化合物中的每种元素各有多少个原子以及得出正确的原子量表所需要的东西。

1860年，召开了大型国际化学专业会议，来自整个欧洲的化学家们出席了会议（这是首次此类国际专业会议）。在那次会议上，坎尼札罗对这一假说作出了令人信服的解释。

这样，关于原子量的整个观念立即改进了。大约在1865年，比利时化学家斯塔斯（Jean-Servais Stas, 1813—1891）公布了一张新的原子量表，它比柏齐力乌斯的原子量表更好。40年后，美国化学家理查兹（Theodore William Richards, 1868—1928）进行了精确得多的观测，并获得了（就像我们将要看到的）至此人们所能获得的最佳数值。由于这些新的发现，有关原子量的整个研究内容就必须予以修正。在理查兹的时代，诺贝尔奖已开始颁发。鉴于他在原子量方面的研究工作，理查兹荣获了1914年的诺贝尔化学奖。

偏巧，原子量最低的元素是氢。如果人为地将它的原子量定为1，那么，氧的原子量就是比16稍微小一点。（它不是刚好等于16，这一点我们将在后面再谈。）然而，由于氧很容易与许许多多其他元素化合，因此，将一些特定元素的原子量与氧进行比较将会比与氢进行比较更为简便。那么，为了方便起见，就可将氧的原子量设定为恰好等于某个整数，但不应该将它设定为1，因为那样就会有7种元素的原子量小于1，这将会给化学计算带来不便。

此后，人们便习惯于把氧的原子量定为恰好等于16，这样就使氢的原子量刚好比1稍大一点。那就意味着没有一种元素的原子量会比1小。斯塔斯的表格就是以这种方式列出的，它成了化学家的时尚。（然而，在最近几年，情况已发生非常微小的变化，其理由将在后面说明。）

假如将元素按照原子量逐渐增大的次序列出，那么，就有可能将它们排列成一张相当复杂的表格，此表格表明具有某些特定性质的元素会周期性地重复出现。如果表格的排列正确的话,则性质相似的元素就会落在同一列内。这被称为周期表。1869 年,俄国化学家门捷列夫(Dmitri Ivanovich Mendeleev, 1834—1907)首先提出了这种周期表的有效版本。

起先,由于门捷列夫并不知道所有的元素,因而周期表具有一定的试验性。当时有许多元素还未被发现,在排表时,为了使性质相似的元素排在相应的列中,门捷列夫被迫留出了一些空格。他感到这些空格均代表一些尚未发现的元素,并选择了其中三个空格,于 1871 年对这三种尚未被发现的元素进行了说明。他详细地阐明,一旦发现这三种元素,它们应该具有怎样的特性。及至 1885 年,所有这三种元素均被发现,一丝不差地证明了门捷列夫预言的每个细节。这就提供了非常有力的证据,证明周期表是合理的,但是无人能解释为什么会这样。(我们在后文还会再谈这个问题。)

◇ 第二章

光

粒子和波

假如我们准备接受这样的观点,即所有物质都是由原子组成的。那么,就有理由问:世界上是否存在任何不是物质,因而不是由原子组成的东西呢?对于这样的问题,人们第一个想到的可能就是光。

光是非物质的,这一点似乎总是很明显的。固体和液体都能被触摸到;它们具有质量,因而有重量;并占据一定的空间。气体不能像固体和液体那样被感觉到,但是,运动的气体是能被感觉到的。人们都经受过大风,也非常了解龙卷风的威力。同样,空气也会占据空间。因此,假如我们将一只"空的"量杯(实际上是充满空气的)开口朝下浸入水槽中,水是不会灌满杯子的,除非设法让空气逃逸。1643年,意大利物理学家托里拆利(Evangelista Torricelli, 1608—1647)指出,空气具有重量,产生的压力能支持76厘米(约30英寸)高的水银柱。

然而,光却不具有这些性质。尽管光可能会产生热,但它不能被触摸到。人们从未发现它具有可以觉察得到的质量或重量,也未呈现出会占据空间的迹象。

这并不意味着因为光是非物质的所以就不重要，以至于可以被忽略掉。就像《圣经》中所说的，上帝的第一句话就是："要有光。"另外，在古代，火这个名字用来表示组成世界的第四种元素，它与另外三种元素气、水和土具有同等地位。

阳光自然而然地被认为是最纯洁的光。它是白色的光，是不变的和永恒的。假如使阳光穿过有色玻璃，它会带上玻璃的颜色，但那完全是因杂质而引起的。另外，当物体在地面上燃烧时会发出光，那些光可能呈黄色、橙色或者红色。在有些情况下，若将某些粉末撒入火中，甚至可能燃起绿色或蓝色的火焰。不过，这些颜色仍然完全是因为杂质产生的。

有一种带颜色的东西似乎与任何物质都完全无关，那就是彩虹。它是那么地令人敬畏，并由此引出了许多神话和传说。人们把它看作天地之间的桥梁，专供神的信使使用。[古希腊神话中上帝的信使叫伊里斯(Iris)，也就是希腊语中的"彩虹"一词。]它也是一种神的庇护，保佑世界永远不会被洪水毁灭。因此，彩虹总是在暴风雨结束时出现，表明上帝已经施恩并止住了雨。

然而，到了1665年，英国科学家牛顿(Isaac Newton，1642—1727)生成了他自己的彩虹。他让一束阳光穿过百叶窗上的小孔射进暗室，并使光束透过被称为棱镜的玻璃三棱柱。这时光束会散开并在白色的墙上形成一段彩色光带，各种颜色按红、橙、黄、绿、蓝、紫的顺序排列——刚好与彩虹中各种颜色排列的顺序一样。

现在，我们已经知道，彩虹是由于阳光穿过暴风雨后仍滞留在空气中的无数小水滴而形成的。这些小水滴就像玻璃棱镜一样对光线产生了相同的影响。

由此可见，阳光显然不是"纯"光。它的白色只不过是所有这些颜色混合在一起后，在人的眼睛上产生的效果。如果使光穿过一个棱镜，接着再穿过另一个相反放置的棱镜,那么散开的颜色将会重新组合在一起,重又形成白色的光。

由于这些颜色完全是非物质的,牛顿把彩虹带称为光谱(Spectrum,源自拉丁语中意为"幻影"的单词)。然而,牛顿所说的光谱也产生了问题。牛顿相信,对于穿过棱镜后被散开的各种颜色,每一种颜色在射入和射出玻璃棱镜的过程中,必然有它自己固有的直线曲折路径(折射)——每种颜色折射的程度都不同(红色最小,紫色最大),因此,当光束打在墙上时,颜色就会被分开,从而可以看到每种颜色。那么,光究竟由什么组成才可以解释它能分散成光谱呢?

牛顿是一个原子论者,因此很自然地认为光是由微小的粒子组成的。光粒子除了不具有质量外,其他都与物质的原子一样。然而,他仍然没有形成很清晰的概念。例如不同颜色光的粒子之间是如何形成差别的,为什么棱镜对某些颜色的光造成的折射要比对其他颜色的光造成的折射程度更大一些。

此外,当两束光相交时,一束光并不受另一束光的影响。如果两束光都是由粒子组成的,那些粒子难道不会相互撞击并随机地弹开,从而使光束变得模糊,并在相撞后向外散开?

荷兰物理学家惠更斯(Christiaan Huygens, 1629—1695)提出了一种替代性方案。他认为光由微小的波组成。1678年,他提出的论据表明:一列整波可能以看似直线的形式向前推进,就像一束粒子那样,两束分别由波组成的光则可以彼此交叉通过而互不干扰。

波动说的问题在于,人们会联想到在水中产生的那些波动形式,就像将一颗鹅卵石投入宁静的池塘中那样。当那些水波向前扩展时,它们会绕过障碍物——如一片木头(这叫衍射),然后在障碍物的另一侧重又汇合在一起。按照这种情况,那么光波为什么不能绕过障碍物而仍投下影子呢?或者至少使影子变得模糊呢?相反,正如众所周知的那样,如果光源很小而且很稳定,光能投下清晰的影子。如果光是微小的粒子束,那么就能完全按照人们的期望形成上述清晰的影子,而这被当作反对波动说的强有力的论据。

意大利物理学家格里马尔迪(Francesco Maria Grimaldi,约1618—1663)曾注意到,当一束光穿过一前一后两个狭窄的缝隙时,若后者又比前者略宽,则当光穿过缝隙时会发生非常微小的向外的衍射。在他逝世两年之后的1665年,他的观测结果被公布于众,但不知何故,它并未引起人们的注意。(在科学上,同样还有许多其他人所做的努力、重要的发现或事件有时会在混乱中被遗漏掉。)

不管怎么说,惠更斯指出,光若是由波组成的,那么就很可能具有不同的波长。而那些波长最长的光的折射程度最小,波长愈短折射程度愈大。用这种方法,人们就可以解释光谱了。在光谱中,红光的波长最长,橙光、黄光、绿光和蓝光的波长依次逐渐变短,而紫光的波长最短。

回顾以上所述,从总体来看,惠更斯的论点更为合理,然而,由于牛顿的声望迅速增长(他是永远活在人们心中的无可争议的最伟大的科学家),站在他的对立面是很难的。(由于科学家也是人,他们会像常人一样,在受到逻辑支配的同时有时也会跟着名人转。)

在整个18世纪,大多数科学家接受了光是由微小粒子组成的这一事实。这也许有助于与物质相关的原子论的发展与成长。随着原子论的发展壮大,随之也加强了光的粒子观点。

但在1801年,英国物理学家杨(Thomas Young,1773—1829)完成了一项具有决定意义的实验。他将光投射在一个平面上,该平面上开有两个紧挨着的狭缝。每个狭缝就作为一个光锥源,两个光锥重叠后投射到一个屏幕上。

如果光是由粒子组成的,那么重叠区域应接收到来自两个狭缝的粒子,会比只接收到来自一个狭缝的粒子的不重叠区域显得更亮一些,但事实并非如此。杨在重叠区域看到的是一系列明暗交替的条纹。

这种现象似乎无法用粒子假说对其作出解释。而用波动说则没有任何问题。如果来自一个狭缝的波与来自另一个狭缝的波是同相的,两者保持同步,那么一组波的上上下下(或者说里里外外)就会得到另一组波的加强,因而两者组合部分的波动就会比分开的部分更强,亮度将会增加。

反之,如果来自一个狭缝的波与来自另一个狭缝的波是异相的——如果一组波向上时而另一组波向下(或者一组波向内时另一组波向外)——那么两组波至少会部分地相互抵消,两者组合的区域就会比分开的区域更弱,亮度将会降低。

杨的实验情况表明,两组波在一个区域中是同相的,在下一个区域就会是异相的,而再下一个区域又是同相的,如此以往交替变化。人们看到的明暗交替的条纹确实就是预料中的波所具有的特征。

由于一组波与另一组波在特定的位置发生干涉并相互抵消,这些条纹被称为干涉图样。在平静的水面上,当一组波与另一组波发生重叠时就能看到这种干涉图样。当两道声音(已知它们都由波组成)相交时,也能观测到这类图样。杨氏实验验证了光的波动性(虽然就像人们预料的那样,这并不意味着那些相信粒子说的人会轻易放弃——因为他们没有那样做)。

根据干涉条纹的宽度甚至能计算出光的各种波的长度(波长)。结果显示光波的波长约为1/20 000厘米(约1/50 000英寸)。红光的波长略大于此值,而紫光的波长则略小于此值。这就意味着1英寸(2.54厘米)长的光线上,沿着光线的方向从头至尾共有大约50 000个波。也就是说沿光波的一个波长可以首尾相接地放置约几千个原子。

这样就能解释为什么尽管光是由波组成的,但它仍能投射出清晰的影子。只有当障碍物的长度不比波的长度长很多时,波才能绕过障碍物。波是不能绕过任何比它的波长长得多的物体的。由于声波的波长很长,所以它能绕过大多数常见的障碍物。

然而,由于我们常见的任何物体几乎都比光波长得多,因此,实际上没有机会出现上述情况,而总是形成清晰的影子。不过当物体非常非常小时,会出现非常轻微的绕转效应,影子的边缘会略显模糊。这就可以用来解释在杨之前130年格里马尔迪已经发现的衍射效果。

不过问题并没有解决。人们知道波有两种。一种如水波,这种波向外传播,但水的粒子沿着与波前进方向成一定角度的方向做上下运动。这就叫做横波。还有一种如声波,这种波动也向外传播,但空气中的粒子沿着与声波前进方向平行的方向做内外运动。这就叫做纵波。

那么光波是属于上述这两种波中的哪一种呢?惠更斯在他首次详细描述波动假说时可能已经感觉到,光和声两者都是由感觉感知的,故应具有相似的性质。人们已经知道声波是一种纵波,因此他提出光波也是一种纵波。当杨验证光的波动性质时,他也是这样认为的。

然而,早在1669年,丹麦学者巴多林(Erasmus Bartholin, 1625—1698)从冰岛得到一块透明的晶体,也就是现在所说的冰洲石(即双折射透明方解石)。他发现透过这种晶体去看物体时能看到两个物体。他假设光穿过该晶体时会以两种不同的角度折射,因此其中一部分呈现在一处,而其余部分则呈现在相近的另一处,从而产生两个像。

巴多林不能解释为什么会这样,牛顿和惠更斯也都解释不了。因此这种现象就被作为暂时不能解释的现象搁置在一边了。(在某个特定的知识阶段,并非每件事都能解释得通。唯一合理的事情是尽你所能去进行解释,希望随着时间的推移和知识的进步,到时候一些暂时不能解释的现象也会变成可以解释的了。)

1817年,杨认识到,如果认为光是由粒子或纵波组成的,那就不容易解释双折射现象。但是,如果认为光是由横波组成的,那就能十分容易地对此作出解释。

法国物理学家菲涅耳(Augustin Jean Fresnel,1788—1827)接受了这种观点,并按横波对光进行了细致的理论研究。这是一个能对当时所有已知的光的特性作出解释的观点。事情就这样决定了。在此后的80年中,物理学家们对于光是由微小的横波组成的这一点非常满意,并且确信这就是全部答案。

四种现象

通常极少有答案是**完全**正确的,在科学上显得尤其如此,似乎每一个答案都会揭示出一个更难解的问题。假如我们承认光像声和一个被扰动的池塘表面发生的情况那样,以波的形式存在,那么还是存在一个问题,那就是光波能很容易地通过真空传播,而声波和水波却不能。

水波的存在是因为有水分子在有规律地做上下运动。如果没有水的存在,那么也就没有水波。声波的存在是因为有空气分子(或任何其他能传播声音的介质分子)在有规律地做内外运动。如果没有空气或任何其他介质存在,也就不存在声波了。

那么就光波来说又是什么东西在做上下运动呢?显然,它不可能是任何一种普通物质,因为光波能穿过真空,而那里是不存在物质的。

当1687年牛顿创立万有引力定律时也碰到了类似的问题。太阳能使与之相隔1.5亿千米(约9300万英里)真空区的地球保持在它的引力控制下。那么,这种引力所起的作用又是如何通过真空传播的呢?

牛顿对此感到有些疑惑,猜想真空也许并非真正的**一无所有**,而是由某种比普通物质更细小的物质组成,因此不易被探测到。这种真空物质后来被称为以太(ether),这是为了对亚里士多德表示尊敬,因为是他提出"以太"组成了天体这一设想。引力对以太产生拉力,这种拉力又通过以太一点一点传下去,直至最后传到地球,从而使太阳拉住了地球。

也许当光穿过时,正是这种以太(或其他类型的物质)在上下波动。这种以太必须充满整个空间,因为我们甚至能看到最遥远的星星。另外,它必须是一种非常细小而又稀薄的物质,不会以任何方式妨碍地球或任何天体的通过,只是当光穿过空间时才产生影响。菲涅耳提出,以太能渗透到地球和所有其他天体的本体中去。

不过当以太粒子向上运动时,它必须经受一个能使其向下运动的恢复力,在通过平衡点后,再次向上运动。传播的介质愈是刚硬,则上下振动的速度就愈快,波通过它向前行进的速度也就愈快。

光以每秒299 792千米(约186 290英里)的速度传播。这与丹麦天文学家勒默尔(Olaus Roemer, 1644—1710)于1676年首先确定的值非常接近。要使光以如此高的速度传播,以太必定比钢还要刚硬得多。

一方面真空是由某些非常细小的物质组成的,可以使得物体能自由地穿过并且不受任何能察觉到的干扰;同时这种物质又是如此地刚硬,甚至超过钢。这使人感到十分困惑。尽管如此,科学家们似乎还是别无选择,只能认定事实就是如此。

除了光和引力之外,人们知道还有另外两种现象能够穿过真空,那就是电和磁。据说这两种现象的最早研究者是泰勒斯。他对一块铁矿石进行了研究,这种矿石最早是在爱琴海东海岸的马格尼西亚镇附近发现的。这种矿石具有能吸住铁片的特性,他建议把它们称为 ho magnetes lithos ("马格尼西亚石")。从此人们就把具有吸铁特性的物体叫做magnets(磁铁)。

泰勒斯还发现,如果琥珀块(一种成了化石的树脂)经过摩擦,它们不是特定地对铁产生吸力,而是能吸住**任何**轻的物体。性质上的不同表明这种吸力不是磁力。在希腊语中琥珀这个单词为elektron,结果这种现象逐渐被称为electricity(电)。

11世纪的某个时候,在中国——但确切是在什么地点、由什么人、在什么情况下已无从得知——人们发现,如果让一根用磁铁矿石制成或经磁铁矿石磁化的针自由地转动,它会使自己与南北方向成一直线。而且若在其两端以某种方式做上记号,那你将会看到某一端始终会指向北方。

上面所说的指向北方的那一端被称为磁铁的北极,而另一端为磁铁的南极。1269年,法国学者佩雷吉纳斯(Petrus Peregrinus, 1240—?)用这种针进行了实验,他发现一根针的北极会与另一根针的南极相吸。另一方面,两根磁化了的针的北极会相互排斥,同样,两根针的南极也会相互排斥。简单地说就是同性磁极相斥,异性磁极相吸。

1785年,法国物理学家库仑(Charles Augustin de Coulomb, 1736—1806)测定了一个磁铁的北极吸引另一个磁铁的南极或排斥另一个磁铁的北极的力量大小。他发现这种吸引力或排斥力随距离的平方递减(反平方律)。也就是说如果你将距离增大至原来的 x 倍,那么两极之间的力就变为原来的 $1/x \times 1/x$,即 $1/x^2$。牛顿在1687年论述引力时指出,引力的大小是遵从反平方律的。

由于月球离地球中心的距离是地球表面离地球中心距离的60倍,因此,地球在月球那么远的距离处的引力只是在地球表面上的 $1/60 \times 1/60$,即 $1/3600$。尽管如此,该引力与两者所含质量的乘积是成正比的。地球和月球的质量是如此之大,以至于地球在保持与月球之间的距离时产生的引力,仍足以使月球保持在轨道上。

就此而言,太阳与地球之间相隔的距离虽然是地球与月球之间相隔距离的将近400倍,但太阳仍能使地球保持在轨道上。实际上,星系组成的巨大的星系团扩展到数百万光年以外的空间,但它们仍能依靠引力维系在一起。

然而,实际情况是两个磁针之间的磁吸引力与同样这两个磁针之间的引力相比要强数万亿亿亿亿倍。那么,为什么人们是如此地注意引力,却几乎完全不注意磁吸引力呢?为什么引力能使天体保持在一起而我们却从未听说过某些磁力能使两个物体保持在一起呢?

答案是磁力包含了吸引力和排斥力两种力,而且两者的强度相等,而引力却**只**包括吸引力。世界上不存在相斥的引力。

世界上的磁体无处不在。就像我们将要看到的,每个原子都是一个微小的磁体。然而,宇宙中的磁体总会朝向每一个方向,在每个地方出现排斥力与吸引力的机会一样多。因此,总的说来两者基本上相互抵消,留给我们的是一个总体上并不存在许多磁吸引力或排斥力的宇宙。

然而,引力只包含一种吸引,也就是说这种吸引力只能积累起来。虽然引力产生的拉力效应是如此之小,对于一般的物体,甚至对于山脉而言,几乎都是微不足道的,但是当你论及像地球或太阳那种庞然大物时,引力拉曳就非常巨大了。

不过磁力还是起一定作用的。假如你在一根经过磁化的钢棒上放一张硬纸,并在纸上撒一些铁屑,然后轻轻地敲击硬纸。随着你的不断敲击,铁屑会产生移动并自然地根据磁体处在某个相应的位置上。最终这些铁屑自己会从磁铁的一极至另一极排列成一组曲线。佩雷吉纳斯已经注意到了这种现象,而在1831年,英国科学家法拉第(Michael Faraday,1791—1867)也研究了这一课题。

法拉第发现,磁体产生的影响似乎是向磁场的各个方向延伸,并根据反平方律随距离的增加而减弱。在磁场中,你可以画出许许多多线条(磁力线)。纸上的铁屑就是按照这些线排列的,从而使人一目了然。

这就是罗盘中的磁针会分别指向北和南的原因。地球本身就是一个磁体,指针就会与从地球的一个磁极到另一个磁极的磁力线对齐。(地球的磁极位于地球的北端和南端,但离地球自转的两个地极之间的距离相当远。)大量其他有关磁体的事实都可以用磁场和磁力线的概念作出解释,从此法拉第的这一观念始终没被动摇过。(同样也存在引力场和电场,以及它们的力线。)

顺便问一下,电究竟又是怎么一回事呢?英国物理学家吉尔伯特(William Gilbert,约1544—1603)在带电物质方面发展了泰勒斯的研究工作。他在1600年出版的一本书中解释说,除了琥珀以外的其他一些物质在摩擦后也能吸住轻物体。吉尔伯特把所有这类物体称为带电体。

1733年,法国化学家迪费(Charles François de Cisternay Dufay,1698—1739)用玻璃棒和树脂棒进行实验,他发现,这两种棒在摩擦后都会带电并都能吸住轻物体。这两种棒都能吸住细小的软木屑并进而使它们也带电。

他还发现,一小片被玻璃棒吸过的带电软木屑与一小片被树脂棒吸过的带电软木屑会相互吸引。而两片都被玻璃棒吸过的带电软木屑则会相互排斥;两片都被树脂棒吸过的带电软木屑相遇时情况也一样。因此迪费得出结论:电荷有两种类型。同一种电荷自身相斥,而与另一种电荷相吸,这与两种磁极的情况相同。

美国学者富兰克林(Benjamin Franklin,1706—1790)进一步发展了这一观点。他于1747年提出,只存在有一种电荷,所有物质都含有规定数量的电荷,但不能被检测出来。某些物体摩擦后会失去一些电荷;而另外一些物体摩擦后则会增加一些电荷。我们可以认为那些带有多余电荷的物体是带正电的,而那些缺少电荷的物体是带负电的。

在这种情况下,带正电荷的物体就会与带负电荷的物体相互吸引,因为通过接触就会使第一个物体上增加的电荷流入第二个物体,从而填补那里的不足。这时两个物体所带的电荷就会相互抵消,剩下两个不带电物体。(富兰克林确实在他的实验中观测到了这样的结果。)另一方面,两个带正电荷或两个带负电荷的物体相遇时会相互排斥,因为在这两种情况下电荷都不存在从一个物体流向另一个物体的机会。

这时,唯一让富兰克林感到为难的是如何确定这两种带电体中哪一种是得到电荷的,哪一种是失去电荷的?在当时这是无法判断的,因此富兰克林就随意选了一个。他决定,摩擦的玻璃棒是得到电荷的,应被认为带正电(+),而摩擦的树脂棒是失去电荷的,应被认为带负电(-)。

从此以后,人们在研究电流时总是假定电流是从正极流向负极的。不幸的是,富兰克林猜对的可能性只有一半,而他却猜错了。实际上树脂棒是得到电荷的,因此电流应该是从负极流向正极的。不过这在电学工程上没有什么问题。因为不管你认为电流流动的方向如何,只要你坚持自己的决定,而不中途改变主意,其结果都是相同的。

综合现象

那么就有四种现象能穿过真空,它们是光、电、磁和引力。这四种现象都可以说成是利用了以太,但它们是否利用了相同的以太,或者说是否每种现象都有它自己的以太呢?人们没法知道这一答案,不过有时候人们把光描述成存在于传光以太(luminiferous ether)中的波,这一名词源于拉丁语中意为"光的传送"的单词。也许还会有"传电"(electriferous)、"传磁"(magnetiferous)和"传引力"(gravitiferous)以太呢?

可以肯定,这四种以太之间的差别不会是一样大的。光似乎是既不相吸也不相斥的。引力只能相吸。至于电和磁,都是既能相吸又能相斥的,而且在同性相斥、异性相吸这方面也非常相像。对于最后两种以太来说,似乎一种是由另一种引起的。

1819年,丹麦物理学家奥斯特(Hans Christian Oersted,1777—1851)作了一次关于电流的演讲。作为一项演示(我们不清楚他想要说明什么问题),他将一个罗盘放在一根有电流通过的导线附近。使他倍感惊奇的是罗盘指针立刻作出了反应,指向与电流流动方向成一定角度的方向。当奥斯特使电流反向时,罗盘指针也改变了方向,其指向与原先相反,但仍与电流流动方向成一定角度。

奥斯特是第一个验证电与磁之间内在关系的人,但是他在这方面的研究并没有进展。而其他听说了这一演示的人也立即开始进行实验。

1820年,法国物理学家阿拉戈(Dominique François Arago,1786—1853)指出,带电流的导线就像一块磁铁,能吸住铁屑;但是当切断电流时,这种能力就不复存在。由于导线是铜的,这就表明磁性不仅仅是铁的一种属性,而可以存在于任何物质中。从此科学家们便开始谈论电磁学了。

就在同一年,另一位法国物理学家安培(André Marie Ampère,1775—1863)指出,如果两根相互平行的导线分别通以相同方向的电流,则它们会相互吸引;如果通过的电流方向相反,则它们会相互排斥。

如果你把导线绕成螺旋状(就像床垫中弹簧的形状)并使电流流过该导线,电流以相同的方向流经螺旋的每段曲线。这时所有各圈曲线都会相互吸引,而每一圈都会建立起一个磁场,并对其他所有各圈都起增强作用。这时,该螺旋形线圈就像一个磁棒,其一端为北极,另一端为南极。

1823年,英国物理学家斯特金(William Sturgeon,1783—1850)在一个U形铁块上缠绕导线。当导线通电时,铁块能使磁场强度增加,它会变成一个强得惊人的电磁铁。

1829年,美国物理学家亨利(Joseph Henry,1797—1878)用绝缘导

线(为了防止短路)在一个铁块上缠了数百圈制成了一个电磁铁,当电流通过时,它能提起非常重的物体。

此后,法拉第进行了反向思考。既然电能生磁,那么磁难道不能生电吗?他将一根普通磁铁棒插入一个螺旋形线圈,而线圈未与任何电池相连,开始时不可能有电流流过。然而,无论磁铁是插入或者拉出线圈,磁铁都能使线圈产生电流。不过当磁铁停在线圈中的任意一点时,就没有电流产生。显然,只有当导线交叉切割磁力线时才有电流流过导线。当磁铁插入时电流流向一个方向,当磁铁拉出时则流向另一个方向。

1831年,法拉第研制出一套系统,利用它可以使一个铜盘在两个磁极之间旋转。只要铜盘转动,盘中就能连续产生电流。这就需要有力来使铜盘保持旋转,因为推动铜盘切割磁力线是要做功的。那么只要通过人力、畜力、水的落差或燃烧燃料产生蒸汽推力等办法使铜盘旋转,就能将机械能转换成电能了。

这一次是亨利使情况反过来了。就在同一年,他发明了电动机,使电流能带动轮子旋转。

所有这些发现都被用来使世界电气化(具有字面上和象征性的含义),从而使人类社会产生了巨大的变化。不过对科学家来说,这些发现的重要性在于逐渐验证了电与磁之间的紧密关系。

的确,有些人开始认为只存在一个单一的电磁场,有时它对世界显示其电的一面,而有时却显示出其磁的一面。麦克斯韦的研究工作使这方面的研究达到了顶点。1864年至1873年间,他研究了法拉第所说的场与力线、电场与磁场之间的明显关系等概念的数学含义。麦克斯韦最终导出了四个相对比较简单的(至少对数学家来说是简单的)方程式,用它们可以描述一切已知的电磁特性。从此,这几个方程式便成了众所周知的麦克斯韦方程式。

麦克斯韦方程式(其正确性已被此后进行的所有观测所证实)表

明,电场和磁场不能单独存在。实际上确实只存在一个综合的电磁场,它有一个电分量和一个磁分量,两者之间成一定的角度。

如果电的特性和磁的特性在各个方面都相似,那么四个方程式将会是对称的;它们将以两对镜像的形式存在。然而,在一个方面,这两种现象却不相匹配。在电现象中,正电荷和负电荷能相互独立存在。一个物体可以带正电荷也可以带负电荷。但另一方面,在磁现象中,磁极不能单独存在。每个显示出磁性的物体,其一端为北极,则另一端为南极。如果一根一端为北极、另一端为南极的长磁针在中间被折断,磁极还是**不能**单独存在。带北极的那一段在断开处会生成一个南极,同样,带南极的那一段也会在断开处生成一个北极。

麦克斯韦将上述事实包含在他的方程式中,从而引出了一个不对称的注解。这一注解经常会使那些强烈推崇简单和对称的科学家感到厌烦。麦克斯韦方程式中的这一"缺陷"我们在以后还会谈到。

麦克斯韦指出,你可以从他的方程式验证,一个振动的电场必然会产生一个振动的磁场,该磁场接着会产生另一个振动的电场,如此以往无穷无尽。这与以波的形式向外匀速运动的一种电磁辐射等效。辐射的速度可以通过取某特定的表示磁现象的单位与另一个表示电现象的单位之比来进行计算。用该比率计算出来的辐射速度大约为每秒300 000千米(186 290英里),也就是光速。

然而,这可能并非巧合。看来光就是一种电磁辐射。因此,麦克斯韦方程式已经统一了已知能穿过真空的四种现象中的三种:电、磁和光。

现在只有引力还留在这一统一体之外。它与已经统一的三种现象似乎没有什么关系。1916年,爱因斯坦确立了他的广义相对论,这是对牛顿的引力概念的改进。目前,爱因斯坦对引力的解释因其实质上的正确性已被广泛接受。他的解释认为:应该存在一种以波的形式出现的引力辐射,它类似于电磁辐射。不过这种引力波与电磁波相比要更加难以捉摸和微弱得多,而且更难被探测到。虽然在这一领域几乎没有一个科学家怀疑它们的存在,但是直到现在我写这本书的时候,它们仍未被真正探测到。*

光谱的扩展

麦克斯韦方程式没有对场的振动周期作出限制。每秒可能只产生一次振动或者更少,那么每个波的长度就会有300 000千米或者更长;每秒也可能会产生10^{33}次振动或者更多,那么每个波长就可能只有一亿亿亿分之一厘米,并且可以是两者之间的任何值。

然而,光波只代表了这些可能值中的极小一部分。可见光的波长最长为0.0007毫米,而可见光的最短波长大约是它的一半。那么,这是否意味着还存在我们看不见的电磁辐射呢?

回顾人类的大部分历史,问题似乎在于存在着看不见的光,而人们却又使用了光这个与之矛盾的术语。光根据定义,是能被看见的某种东西。

1800年,德裔英国天文学家赫歇尔(William Herschel,1738—1822)首先提出这并非矛盾。那时,人们认为从太阳获得的光和热可能是两种独立的现象。赫歇尔想知道热是否也能散发出一种像光那样的谱。

此后,赫歇尔用温度计替代了只能看见光的眼睛来研究光谱,对热进行了测定。他将温度计放置在光谱的不同部位并注意温度的变化。他预计光谱的中间温度应该最高,而两端的温度应有所下降。

结果并非如此。当温度计从紫光区渐渐移动至另一端的红光区时,温度持续升高,直至达到最高点。使赫歇尔更感到惊讶和疑惑的是当他将温度计移至红光区以外时所发生的情况。他发现,在此处测得的温度

---

* 2015年9月14日,人类首次直接探测到引力波。——译者

比可见光谱的任何地方的温度更高。赫歇尔认为,他已经测到热波了。

不过在短短的几年内,光的波动理论就建立了,从而使人们能对一些现象作出更好的解释。太阳光有一定的波长范围,通过棱镜可以使它分散开来。人的视网膜能够对波长在一定范围内的光作出反应,但是,太阳光具有一些波长比可见的红光更长的波,那就是我们发现的越出光谱红端以外的波。虽然人的视网膜不能对这种长波作出反应,不能看到它们,但不管怎么说它们是确实存在的。它们被称为红外线,英语中称为 infrared ray,该词的前缀 infra 源自拉丁语中意为"以下"的单词,因为人们可能是从顶部的紫光至底部的红光观看光谱的。

当红外线接触到皮肤时,它既被反射又被吸收。当被皮肤吸收时,它的能量使人的皮肤中的分子运动加速从而使皮肤感觉到热。波长愈长,渗入皮肤就愈深,也就更容易被吸收。因此,虽然我们看不见红外线,但是我们能感觉到它的热,同样的道理,温度计就能记下这种变化。

当然,如果能够表明红外线实际上也由像光那样的波(只是波长更长)组成,那就更加有助于研究工作了。人们可以使两束红外线重叠并产生干涉条纹,但是没有人能看见它们。也许用温度计能够测出这些条纹,当仪器每次经过"变亮"的区域时,温度会升高,而当仪器每次经过"变暗"的区域时,温度则会下降。

1830年,意大利物理学家诺比利(Leopoldo Nobili,1784—1835)发明了具有这种功能的温度计。他的一位同事、意大利物理学家梅洛尼(Macedonio Melloni,1798—1854)考虑到玻璃会大量吸收红外线,便使用了一种用岩盐制成的棱镜,这种棱镜能透过红外线。结果形成了红外线干涉条纹,并用诺比利的温度计证明了它们的存在。1850年,梅洛尼证明红外线具备光的所有特性——除了它们不能被肉眼看见以外。

那么在光谱的另一端,进入紫光以外的黑暗区时,情况又会怎样呢?这个故事起源于1614年,当时意大利化学家萨拉(Angelo Sala,

1576 —1637)注意到,当一种洁白的化合物硝酸银暴露在阳光下时会变黑。现在我们已经知道,发生这种现象是因为光线中含有能量,它能迫使硝酸银分子分解,产生分离得很细小的银,从而呈黑色。

大约在 1770 年,瑞典化学家谢勒(Karl Wilhelm Scheele, 1742—1786)更加深入细致地研究了这一课题,他使用了太阳光谱,而在萨拉时代人们还不知道这种光谱。他将一些白色薄纸条浸在硝酸银溶液中,然后将它们晾干,放在光谱的各个部位。他发现,放在红光区的纸条变黑的速度最慢,而离红光区愈远,纸条变黑的速度就愈快,直至紫光区变黑的速度最快。发生这种现象(我们现在已经知道其原因,具体的理由容后再作解释)是因为从红光到紫光,光的能量是逐渐增加的。

当赫歇尔于 1801 年发现了红外线后,德国化学家里特(Johann Wilhelm Ritter, 1776 —1810)便想到了检查光谱的另一端。1801 年,他将纸条浸入硝酸银溶液,并重复进行了谢勒的实验,所不同的是他在紫光以外看不到光的部位也放置了纸条。就像他怀疑有可能会出现的情况一样,在看不到光的区域,纸条变黑的速度比在紫光区还快。这就意味着紫外线(ultraviolet ray)已经被发现了。这里 ultraviolet ray 一词的前缀 ultra 源自拉丁语中意为"以上"的单词。

红外线和紫外线辐射刚好存在于可见光谱的两个边界上。麦克斯韦方程式似乎还意味着在远离边缘的地方仍可能存在辐射。如果能发现这种辐射,那么麦克斯韦方程式将得到非常有力的支持,即便尚未发现它们,但已经没有人怀疑这种辐射存在的可能性了。

1888 年,德国物理学家赫兹(Heinrich Rudolf Hertz, 1857—1894)采用一个带内部间隙的矩形导线作为探测装置。他在他的实验室中建立了一个振荡电流。当电流振荡时,先朝一个方向运动,接着朝另一个方向运动,这样就会发射出电磁辐射。当电流向一个方向流时,辐射波向上运动,而当电流向另一个方向流时辐射波又向下运动。这种电磁波应该具有非常长的波长,因为即使振荡电流每隔多少分之一秒就改变方向,光在两次变化之间还是能传至很远的地方。

如果让电磁波穿过赫兹的矩形导线,那么该导线会产生电流,就会有一个火花越过间隙。赫兹确实获得了这种火花。此外,当他将矩形导线放在屋内的不同部位时,在波很强或很弱的位置都能得到火花,但在两者之间却没有火花出现。这样,他就能画出波并确定其长度。

赫兹的这一发现后来就被称为无线电波,它所在的位置已远远超出红外辐射,其波长可以是从几厘米至几千米之间的任何值。

此后再没有一个人怀疑麦克斯韦方程式。如果存在传光以太的话,那它一定也能传播电和磁。如果说还有其他以太的话,那么它的存在仅仅是为了引力。

顺便提一下,1895年人们发现了远远越出紫外线的电磁辐射,其波长非常非常短;我们将在讨论一些其他问题之后,再来叙述这方面的内容。

能量的分割

电、磁、光和引力都是能量的不同形式,这里所说的能量是指能用来做功的任何东西。能量的这些形式之间似乎都存在一定的差别,但是一种能量又能转换成另一种能量。就像我们已经看到的,电能转换成磁,反之亦然,而振动的电磁场又能产生光。引力能使水下落,而下落的水又能带动涡轮,使导体穿过磁力线而产生电。能和功的相互转换是热力学的研究领域。

但是这种转换永远不会是完全有效的。在转换过程中总有一些能量损失。然而,这些损失的能量并不是失踪了,而是以热的形式出现,它仍然是能量的一种形式。如果把热也计入,那么总体看来,在任何地方既不存在能量损失,也不会产生能量。换句话说,宇宙中总的能量似乎是不变的。

这就是能量守恒定律,或者说热力学第一定律。它是由德国物理学家亥姆霍兹(Hermann Ludwig Ferdinand von Helmholtz,1821—1894)于1847年最终确定的。

就某一方面而言,热是能量的最基本形式,任何其他形式的能量都能**完全**转换成热能,而热能却不能完全转换成非热能。因此,通过热现象来研究热力学(thermodynamics)是最方便的;顺便说一下,thermodynamics这个词源于希腊语中意为"热的运动"的短语。

自从1769年英国工程师瓦特(James Watt,1736—1819)发明第一台真正实用的蒸汽机以来,科学家们已经对热进行了周密的研究。一旦能量守恒定律被人们理解,对热的研究就变得更加起劲了。

在蒸汽机出现后,存在两种关于热的性质的理论。有些科学家认为,热是一种难以捉摸的流体,能从一个物体传向另一个物体。另一些科学家则认为热是一种运动形式,是原子和分子的运动或振动。

第二种理论,或者说分子的热运动理论(kinetic theory,这里的kinetic一词源于希腊语中意为"运动"的单词),是在麦克斯韦和奥地利物理学家玻尔兹曼(Ludwig Eduard Boltzmann,1844—1906)从数学上研究成功后,才于19世纪60年代作为正确的理论最终建立起来的。他们指出,已知与热有关的每件事情都能用运动或振动的原子和分子作出成功的解释。就拿气体来说,如果将原子和分子的质量也计算在内的话,那么组成**任何东西**的原子和分子的运动或振动的平均动能就是其测得的温度。所有这些运动粒子的总动能(它既计及质量又计及速度)就是该物质的总热能。

那么不用说,物体变得愈冷,它的原子和分子运动的平均速率就愈慢。假如物体冷到足够的程度,则粒子的平均动能就会达到最小值。当它不能再冷时,它的温度即达到绝对零度。这种观点是英国数学家威廉·汤姆孙(William Thomson，1824—1907)于1848年首先提出并解释清楚的，后来人们更习惯称他为开尔文勋爵(Lord Kelvin)。绝对零度以上的摄氏度数就是物质的绝对温度。如果绝对零度等于－273.15℃，那么0℃就等于273.15K(K代表绝对温标，以纪念开尔文勋爵)。

任何物体的温度高于周围环境的温度时，它就会像电磁辐射一样失去热量。温度愈高辐射就愈强烈。1879年，奥地利物理学家斯特藩(Joseph Stefan，1835—1893)的研究证实了这一点。他指出，总辐射随着绝对温度的4次方而增大。因此，如果绝对温度增加至原来的2倍，也就是说从300K增加至600K(即从27℃增至327℃)，那么总辐射就增加至原来的2×2×2×2倍，即16倍。

此前，大约在1860年，德国物理学家基尔霍夫(Gustav Robert Kirchhoff，1824—1887)就已经确立了这样的事实：任何物质，当其温度低于周围的环境温度时就会吸收一些特定波长的光，而当它的温度上升至环境温度以上时就会发射同样波长的光。由此可以得出这样的结论：如果物质吸收所有波长的光(即黑体，它不会反射任何波长的光)，那么加热以后它就会发射出各种波长的光。

通常来说，实际上没有一种物体能吸收所有波长的光，但是带有一个小孔的物体勉强可以做到。找到进入这个小孔之路的任何辐射，不可能再找到出孔的路，而最终在内部被吸收。因此，当这种物体被加热时，黑体辐射——包括所有的波长——应源源不断地从这种小孔射出。

这种观点是由德国物理学家维恩(Wilhelm Wien，1864—1928)于19世纪90年代首先提出的。当他研究这种黑体辐射时，他发现就像预期的那样，发射出的波长范围很宽，而非常长和非常短的波长在数量上较少，在它们中间的某处有一个峰值。随着温度的上升，维恩发现峰值的位置不断地朝波长较短的方向稳步移动。他于1895年宣布了这一发现。

斯特藩定律和维恩定律与我们的实际经验相符。假定一个物体的温度略高于我们人体的温度,这时你若将手靠近该物体,就会感觉到该物体发出的略感温暖的辐射。随着物体温度的上升,辐射也会愈来愈明显,辐射的峰值位于某个更短的波长。如果我们将手放在一壶沸腾的水附近,就会明显感觉到它释放出来的热。如果温度仍不断地升高,物体最终会发出波长短到人的视网膜能够感觉得到的辐射,即可以被看见的光。我们首先看到的是红光,因为它是波长最长的可见光,也是最先发出的可见光。这时物体是赤热的。自然,大多数辐射仍在红外线区,而我们注意到的只是光谱的可见光部分中的很小一部分。

随着物体继续升温,它会变得愈来愈亮。物体的颜色也会发生变化,发出的光波愈来愈短。随着物体不断地变得更热,它就会变得更亮,颜色也会发生进一步变化,并发出波长更短的光。发出的光会变成橘红色,然后变成黄色。最终当物体变得像太阳表面那么热时,它就达到了白热的程度,这时辐射的峰值实际上已进入可见光区。如果物体继续变热,它会变成蓝白色,最终,虽然它变得更亮(假定我们此时仍能看着它而不会伤害眼睛的话),但峰值却进入了紫外区。

然而,对于19世纪的科学家而言,这种热—光的变化过程产生了一个问题,因为要想根据黑体辐射的方式来理解这种现象是很困难的。到了19世纪90年代末,英国物理学家瑞利勋爵(John William Strutt, Lord Rayleigh, 1842—1919)假定在黑体辐射中每种波长都有相同的机会被辐射。以该假设为基础,他得出一个方程式,很好地表明了从非常长的波长变到较短波长的过程中,辐射强度是如何增加的。然而,该方程式并不能给出峰值波长,即波长变得更短时辐射强度并不下降。

该方程式指出,随着波长逐渐变短,辐射强度会不断增加,而且不受限制。这就意味着任何物体主要应以短波的形式辐射,以紫光、紫外线和紫外线以外的辐射形式放出它所有的热量。有时这被称为紫色灾难。但是紫色灾难并未发生,因此瑞利的推论肯定有错。维恩本人得出的方程式适用于黑体辐射的短波分布,但却不适用于长波。这意味着物理学家们似乎只能解释辐射范围的这一半或那一半,而不是全部。

德国物理学家普朗克(Max Karl Ernst Ludwig Planck,1858—1947)接过了这个问题。他认为,瑞利的假设中可能存在一些错误,错就错在认为黑体辐射中每种波长具有相等的辐射机会。会不会是波长愈短其辐射的机会也愈少呢?

一种合理的做法似乎应该假设能量是不连续的,而且不能无限地分成愈来愈小的量。(直至普朗克的时代,能量的连续性一直得到物理学家们的认同。如果说能量像物质那样由微小的粒子组成而且不能进一步分割,没有人会怀疑。)

普朗克假定能量的基本单元会随着波长愈来愈短而变得愈来愈强。这就意味着对于一个给定的温度,随着波长逐渐变短,其辐射强度会不断上升,就像瑞利方程式指出的那样。最终,对于更短的波长,为了要将它们辐射出去,就必须在能量单元中聚集足够高的能量,而这是很困难的。因此,应该出现一个峰值,随着波长继续减小,辐射实际上将会衰减。

随着温度的升高和热变得更加强烈,辐射较强的能量单元就比较容易了,峰值就会向波长较短的方向移动,就像维恩定律要求的那样。总之,采用普朗克假定的能量单元,就完全解决了黑体辐射问题。

普朗克将这些能量单元称为量子(quanta,其单数形式为quantum,这是个拉丁词,意思是"多少")。要想解决黑体辐射这个难题,其关键是如何计算出不同辐射波长的量子中究竟拥有多少能量。

普朗克于1900年提出了他的量子理论,以及可用于计算黑体辐射(它符合长波和短波两种实际观测结果)的方程式。这一理论被证明是如此重要——远比普朗克那时能够想象到的还重要得多，以至于在1900年之前的所有物理学都被称为经典物理学，而1900年之后的物理学则被称为现代物理学。为了表彰他们在黑体辐射方面所做的研究工作，维恩荣获了1911年的诺贝尔物理学奖，普朗克则于1918年获得了诺贝尔物理学奖。

第三章

电 子

电的分割

　　早期有关电的实验,都是处理带很少电荷的物体。然而在1746年,荷兰物理学家米森布鲁克(Pieter van Musschenbroek,1692—1761)在莱顿大学工作时,发明了一种叫做莱顿瓶的装置,该装置中可以注入大量的电荷。

　　在莱顿瓶中充入的电荷愈多,则放电的电压也愈高。如果使莱顿瓶与某物体相接触,电就会流入该物体,莱顿瓶就会放电。(如果与人体接触,人体肯定会由于接收到这种电流而遭受痛苦。)

　　如果莱顿瓶携带的电荷足够多,千万不要与它直接接触。在这种情况下,即使只是将莱顿瓶靠近一个物体,它也会对该物体放电,电荷能强行通过莱顿瓶与其他物体之间的空气而传给其他物体。

　　这种放电的结果会产生闪光并发出爆裂声。这种光并不是电本身发出的;确切地说,不管电究竟是什么,它在通过空气时能将空气加热,并使空气迅速热得足以辐射出光。热也使空气膨胀,完成放电之后,已膨胀的空气重又收缩并发出爆裂声。

有人发现，莱顿瓶放电产生的光和爆裂声与暴风雨中云层里产生的闪电和雷声颇为相似。难道闪电和雷声乃是云层中有一只巨大的莱顿瓶在放电？

1752年，富兰克林在一个雷暴雨天放飞一只风筝，将闪电电荷通过一根导线引入一个未充电的莱顿瓶，从而证明了这一点。结果，这只最后充上了电的莱顿瓶证明，天空中的电与地面上产生的电具有相同的性质。

那么隐藏在带电体内的电，或隐藏在热空气产生的光内的电究竟是什么呢？要想回答这样的问题，一种办法是通过真空放电，来观察裸电看上去是什么样的。早在1706年，一位英国物理学家用一个强度远比莱顿瓶小的带电体，设法通过一个真空容器放电，结果也产生了光。

不过，在那个时候，完全抽空一个容器内的空气是不可能的。容器内还会有残留的空气，这些残留的空气足以使电流通过而发出辉光。这仍然不是电本身。要想获得纯粹的电，有两点是必须满足的。一是容器应被抽至足够高的真空度，从而使容器内的微量空气不足以对电产生干扰。二是要有一个迫使大量的电通过高真空度区域的方法。这里可以使用莱顿瓶，但它必须在一瞬间完成放电。问题在于是否存在某种能使电流保留一段时间的方法呢？

意大利物理学家伏打（Alessandro Giuseppe Volta，1745—1827）于1800年解决了第二个问题。他指出，将两种不同的金属一起浸在盐溶液中就能产生电。此时伴随着某种化学反应，只要化学反应在进行，就会不断地产生电。如果将一部分电通过导线引出，那么只要化学反应在产生着电，导线中就会有电流过。

这样就能拥有电流，来代替只是固定的电荷。为了产生大电流，伏打使用了一组由放在盐水中的两种金属构成的组合。一组类似的东西中的任何一个都可以被称为一个电池。伏打已经发明了电池。

伏打一宣布他的这一发现,科学家们便开始建造更大更好的电池。在这一代科学家中,法拉第研究出了一种廉价得多的产生电流的方法,那就是通过燃烧燃料。那么,产生足够强的电流已经不是问题了,只要能提供一个良好的真空环境,就能使电流通过它。

1855年,德国发明家盖斯勒(Johann Heinrich Wilhelm Geissler, 1814—1879)成了真空环境的提供者。他发明了一种空气泵,这种泵与所有之前用过的泵相比有了显著的改进。盖斯勒只是通过升降水银液面的办法来代替包含运动部件的机械装置。每次通过改变水银液面的高度都会封存一点空气,并将其排出。这是一个较慢的过程,但是通过水银空气泵的工作,能将容器中99.9%以上的空气排出。

盖斯勒还是一位吹玻璃专家,他可以在吹出的容器内部封入两个位于相对的两端的金属片,并将容器内的空气抽空。盖斯勒的朋友兼合作者、德国物理学家普吕克(Julius Plücker, 1801—1868)把这种容器命名为盖斯勒管。普吕克将密封在管内的两个金属片分别接在一个发电装置相反的两极上。这样,其中一个金属片带正电,被称为阳极(anode),而另一个金属片则带负电,被称为阴极(cathode)。

这些词都是由法拉第首先使用的。anode这个词源于希腊语,意思是"上通道",而cathode一词也源于希腊语,意思是"下通道"。从富兰克林时代起人们就一直认为电是从正极流向负极的;也就是从阳极(上)流向阴极(下),就像水从高往低流一样。

普吕克迫使电穿过盖斯勒管中的真空区,这时已完全不存在足够的空气来产生可见的辉光——但无论用何种办法还是有辉光出现。在邻近阴极附近出现了呈绿色的辉光,而且**总是**出现在阴极。1858年普吕克报告了他的发现,从而第一次指出富兰克林的猜测可能是错的,电并不是从阳极流向阴极,而是从阴极流向阳极。

那么,这种呈绿色的辉光到底是不是代表纯粹的电流本身呢?普吕克无法确定。他认为那可能是脱落下来的炽热的金属碎片，或许是仍然残留在容器内缕缕细微的气体。

德国物理学家戈尔德施泰因（Eugen Goldstein，1850—1930）仔细地研究了这种现象，发现它与容器抽空前里面充有何种气体无关。它也与阳极和阴极是由哪种金属制成的无关。在各种情况下唯一相同的东西就是电流，因此，戈尔德施泰因坚持认为这种辉光**就是**与电流本身联系在一起的。1876年，他把这种穿越真空的物质称为阴极射线。

这种叫法就意味着电流是由阴极发出传至阳极的。实际上，盖斯勒管阳极一侧的玻璃发光好像就是由于阴极射线的撞击和激发造成的。

1869年，普吕克的一名学生、德国物理学家希托夫（Johann Wilhelm Hittorf，1824—1914）指出，若在盖斯勒管的阴极前面放置一个固体物，并将它密封在管内，那么在对着辉光的阳极端就会出现这个物体的影子。显然，从阴极是有某些东西传过来了，而一部分被固体物挡住了。

英国物理学家克鲁克斯（William Crookes，1832—1919）发明了更好的抽真空装置，并于1878年制成了克鲁克斯管，该管中残留的空气只有盖斯勒管的1/75 000。（所有这种管子后来都被归类为阴极射线管。）这时，阴极射线的特征就显露得更清楚了。克鲁克斯可以证实它们是直线行进的，甚至能使一个小轮子旋转。

但是从阴极流出的究竟是什么呢？阴极射线是由粒子还是由波组成的呢？这两种可能性在科学家中均可以找到支持者，简直就像是牛顿和惠更斯之间关于光的争论的再现。主张阴极射线是由粒子组成的观点，其论据与光的情况有点相似，其主要一点是阴极射线能投射出清晰的影子。

就光来说，粒子观念已经彻底被打败，这一点使许多科学家感到犹豫不决，担心在可能会忽视的某个方面又被抓住把柄。（人们常常指责将军们，说他们总是在为前一次战争作准备。科学家也是人，他们也会记住过去的竞争,有时候还有这样一种倾向,就是将老经验用在新现象上。)

主张阴极射线是波的呼声最高的人要算是无线电波的发现者赫兹了。1892年,他指出阴极射线能穿过金属薄膜。他认为粒子似乎不应该能穿过薄膜,而波则当然能做到,因为金属薄膜若足够薄的话,甚至连光波也能穿透。

赫兹的学生勒纳德(Philipp Eduard Anton von Lenard,1862—1947)甚至准备了一只带有薄铝膜"窗口"的阴极射线管。阴极射线能够通过窗口喷射出来并出现在外面的空气中。如果阴极射线是波长非常短的波,那它们会沿直线行进并能投射出清晰的影子,就像光波那样。在19世纪90年代初期,阴极射线是波这种观念显然占了上风。

既然阴极射线出自带负电的阴极,难道它们不会带上负电荷吗?如果是这样的话,显然可以有力地说明阴极射线不是波了,因为当时为人们所知的波还没有哪一种是能带电荷的,哪怕是很少的电荷也不行。如果阴极射线是带电荷的,那么它们应该会受电场的影响。

1883年,赫兹对这种假说进行了检验。他使阴极射线从两块平行的金属板中间通过,其中一块金属板带正电荷,另一块带负电荷。如果阴极射线带有电荷,那么它们应该会偏离其直线行进路径,但实际情况是没有偏离。由此赫兹得出结论:它们是不带电荷的,这也证实了波的观点。

然而,赫兹并不知道,阴极射线传播的速度比他预期的要快得多,因此,它们在还没有来得及发生明显的偏离时便已经穿过了金属板。另外还应注意的是如果金属板带有足够强的电荷又会怎样,而实际上金属板并未带有如此强的电荷。高速的阴极射线加上带弱电荷的金属板,使得阴极射线与其直线路径偏离得并不明显,因此,赫兹的结论不能令人信服。(科学实验的结果并非总能得到最终正确的结论。一个特定的实验,即使是诚心诚意和灵巧地做好每一步,也会由于各种各样的因素而得到错误的答案。这就是为什么说由其他科学家、用其他仪器、在其他情况下,如果可能的话甚至以其他观念对实验进行校核是非常重要的。)

1895年,佩兰(他在此后的10年中验证了原子的真实性)指出,阴极射线能将很多的负电荷传给一个被其照射到的圆柱体。如果阴极射线在行进时本身不带负电荷的话,那就很难解释它是如何将负电荷从阴极传给圆柱体的。这大大削弱了赫兹实验的说服力。

此后,英国物理学家J·J·汤姆孙(Joseph John Thomson,1856—1940)决定用带电金属板重做赫兹的实验。这时,J·J·汤姆孙有幸已经知道阴极射线运动得有多么快。1894年,他已估算出阴极射线的运动速度为每秒200千米(约125英里)。更有利的是他拥有的阴极射线管比赫兹采用的管子真空度高得多,而且他使用的带电金属板带有相当强的电荷。

1897年,J·J·汤姆孙让阴极射线迅速从两个带电金属板之间穿过,他发现电场使射线明显偏离带负电荷的金属板而弯向带正电荷的那块金属板。这一实验结果使他确信,也使其他物理学家相信,阴极射线是由高速行进的阴极射线粒子组成的,每个粒子都带一个负电荷。

这里的结论恰好与光的情况相反。对于光而言是波战胜了粒子,而对阴极射线而言则是粒子战胜了波。(然而,就像我们将要看到的那样,在这一问题上不存在绝对的赢家。在科学上这种情况经常会出现,当你必须在两者中选取其一时,结果似乎并不像开始时那样明确。)

阴极射线粒子

带电粒子受电场影响而偏转的程度取决于三个因素:粒子携带电

荷的多少、粒子运动速度及粒子质量。由磁场引起的带电粒子的偏转也取决于上述三个因素,只是偏转的形式与电场引起的偏转不同。如果 J·J·汤姆孙能测出这两种类型的偏转,那就有可能根据这两个测量结果求出粒子的电荷与质量比。那么,如果你知道了粒子携带电荷的多少,你就能求出它们的质量。

电荷也并非完全不可能求出。法拉第对电流引起化学反应的方法曾经进行了广泛的研究,并于1832年建立了一套电化学定律。根据这些定律,并仔细测量出从金属化合物溶液中析出已知质量的金属所需的用电量,这样就可以计算出析出单个金属原子所需电荷的多少。

如果认定单个原子在化学变化过程中涉及的电荷是能够存在的最小电荷,似乎不会冒很大的风险。因此,假定阴极射线粒子会携带这种最小的电荷也应该说是合理的。换句话说,阴极射线粒子与电之间的关系就像原子与物质的关系一样——或者就像将要被发现的量子与能量的关系一样。

根据这一假设,并测出由已知强度的电场和磁场引起阴极射线偏转的大小,J·J·汤姆孙就能计算出单个阴极射线粒子的质量,而他也确实这样做了。为此他于1906年获得了诺贝尔奖。

这一结论是令人震惊的。就物质的原子而言,在 J·J·汤姆孙的时代(在我们自己的年代也一样)人们已知的最小原子是氢原子。的确,直至今日我们仍然十分肯定,普通氢原子是可能存在的最小原子。然而,阴极射线粒子结果却具有远比氢原子小的质量。它的质量只有最小原子质量的1/1837。

在整整一个世纪中,科学家已经十分肯定原子是能够存在的最小的东西,因此,最小的原子应是具有质量的**任何东西**中最小的。现在这种想法已经被打破了;或者说至少应该被修正,尽管这种修正也许不会太大。在 J·J·汤姆孙实验后,在原子是否仍然是能够存在的**物质**的最小粒子这个问题上就有可能产生争论。也许可以说电不是物质,而是比物质更加难以捉摸的能量的一种形式。以这种观点来看,把这些阴极射线粒子看作比物质原子小得多的"电的原子",也是不足为奇的。

正是由于阴极射线粒子是如此微小才能解释电流能流过物质的事实,或者说解释阴极射线粒子本身能穿过金属薄膜这一事实。这些粒子能穿过金属本来是作为它们不可能是粒子的强有力证据,但是在第一次发现这种现象时,人们对于这些粒子究竟有多小还没有概念。(如果在一些关键的知识点上有遗漏,即使是最好的科学家也会被实验所误导。)

由于阴极射线粒子远比任何一种原子小,因此被称为亚原子粒子。就因为发现了第一个亚原子粒子,即一大批同类粒子中的第一个粒子,人们头脑中有关物质结构的观念完全改变了。这些粒子的发现增加了我们的知识,革新了我们的技术,彻底改变了我们的生活方式。(技术和我们的生活方式这些题目已超出了本书的范围,但还是值得一提。不管象牙塔式的科学发现会是什么样的,总有一些好的机会,会在许多决定性的方向上对我们产生影响。)

人们把阴极射线粒子叫做什么呢?给一些事物命名并不会使我们增加有关它的知识,而只是为了更便于提及和讨论。1891年,爱尔兰物理学家斯托尼(George Johnstone Stoney,1826—1911)提出,把按法拉第定律导出的最小电荷叫做电子。J·J·汤姆孙很喜欢这个名字,便把它用来称呼这种粒子,而不是粒子所带的电荷。这个名字从此就固定了下来,甚至连那些不懂科学的公众也非常熟悉。(想想所有的电器,如我们经常要与之打交道的电视机和录音机。)因此,我们可以说是J·J·汤姆孙于1897年发现了电子。

X 射 线

在前面第一章中我曾经提到位于短波方向远远超过紫外线的电磁辐射最终被发现了。那时我没有细说，不过现在已到了我们可以对它进行讨论的时候了。

而在19世纪90年代，德国物理学家伦琴（Wilhelm Konrad Roentgen，1845—1923）用他自己独特的方法对阴极射线进行了研究。他不像赫兹和J·J·汤姆孙那样关心它的性质，而是研究它对特定化学药品的影响。当阴极射线照射那些化学药品时，会使它们发光。这说明这些化学药品从阴极射线获得了能量，然后又以可见光辐射的形式损耗了这些能量。

一种在受到阴极射线照射时会发光的化学药品是叫做钡铂氰化物的化合物。伦琴的实验室里有一些涂有这种化合物的薄纸板。

由于发出的光十分暗淡，为了尽可能好地观测它，伦琴把房间遮暗，并将实验设备放在一个用黑色硬纸板制成的盒子中。这样他便可以观察一片漆黑的盒子中的情况，当他接通电流时，阴极射线就沿着管子穿过，穿透薄薄的远端壁并落在涂有化学药品的纸板上，这时他能够看到发出的光并进行研究。

1895年11月5日，当伦琴像以往一样接通电流时，他发现有暗淡的闪光映入他的眼角，而那闪光不在实验设备中。他开始寻找，发现在离设备相当远的地方有一张涂有钡铂氰化物的纸板在闪烁发光。

伦琴断开电流，那张涂有化学药品的纸板也变暗了。他接通电流，纸板又重新发光。然后，他把这张纸板拿到另一个房间中并拉下窗帘使房间变暗。当他重新接通阴极射线管时，发现这个房间里的涂有化学药品的纸板也会发光。

　　伦琴确定阴极射线管能产生一种不是阴极射线的辐射——这种辐射能穿透纸板，甚至能穿透两个房间之间的墙壁，而阴极射线却做不到。1895年12月28日，他公开发表了第一份有关这种新辐射的报告。由于他对这种辐射的性质还不清楚，所以便称之为X射线。从此这一名字就牢牢地伴随着这种辐射了。由于这一发现，伦琴于1901年获得了诺贝尔奖，这是该奖项颁发的第一年。

　　现在同样的问题和不确定性又出现在X射线上了，就像以前出现在光和阴极射线上的问题一样。有些物理学家认为X射线是粒子流，有些则认为它们是波。那些认为X射线是波的人当中，有一些人（就像伦琴本人）认为它们是像声波那样的纵波；而另外一些人则认为它们是像光波那样的横波。如果它们是横波，那么它们可能是一种波长比紫外线短得多的电磁辐射，就像最近发现的波长比红外线长得多的无线电波一样。

　　问题是如何在两者之间选定一个。光已被证明是波，因为它显示了干涉特性。为了验证光的干涉，科学家们通过使用衍射光栅，即在玻璃平板上刻上间隔非常小的平行刻痕，让光的干涉可以非常清晰地显示出来。穿过刻痕之间间隙的光线可以产生清晰可见的干涉现象，并能非常精确地测量出波长。

　　波长愈短，刻痕之间的间隔必须愈小。如果X射线是波长极短的横波，那么衍射光栅就不起作用了。不过德国物理学家劳厄（Max Theodor Felix von Laue, 1879—1960）想到，根本没有必要去设法制造刻痕之间几乎没有空隙的衍射光栅，大自然已经帮我们完成了这一工作。

　　组成水晶的原子和分子就是自始至终完全呈一种形式排列的。这一点可以从水晶的形状以及水晶在破碎时总是会形成特定的平面以保持其形状这两点推断出来。水晶似乎是"按照晶格"沿着两个相邻分子的原子层之间的平面断开的。因此，劳厄提出，为什么不让X射线在水晶的原子层之间穿过呢?水晶那不会比其原子层厚的狭缝也许能起到衍射光栅的作用,这样也许就能显示出X射线的干涉效果。

如果让X射线穿过的物体的原子和分子是随机无序散布的,那么X射线也会以随机的形式向各个方向散射。这样就会产生一个一致的影子效果,即中心最暗,沿所有方向愈朝外就愈亮。

如果让X射线穿过具有有序的原子和分子层的水晶,那么X射线的衍射图形就会形成,照相底片上就会显示出明显的光点,并围绕中心形成呈对称图案的影子。

1912年,劳厄尝试了让X射线穿过硫化锌水晶的实验。实验非常成功,X射线完全按照预期的情况显示了它作为波长非常短的横波的特性。从此这方面的争论便平息了,劳厄也因此于1914年获得了诺贝尔奖。

英国物理学家W·H·布拉格(William Henry Bragg, 1862—1942)和他在剑桥大学学习物理的儿子W·L·布拉格(William Lawrence Bragg, 1890—1971)发现,X射线的衍射可以用来确定X射线的实际波长,前提是只要知道使X射线发生衍射的水晶体中原子层之间的距离。他们于1913年完成了该项研究,指出X射线的波长在任何场合均为可见光波长的1/50 000—1/5。为此他们分享了1915年的诺贝尔奖。

电子和原子

就在人们不再考虑电子也许存在于物质之中这一问题时,问题却一下子明朗了。假设我们考虑一下早期(即人们还是简单地通过摩擦玻璃棒或琥珀块形成电荷的时候)对电的研究。这时人们也许不会认为这是因为电子从被摩擦物体传到摩擦物体,或者是反过来传的吧?任何物质,若被强迫获得多余电子时,就会积累负电荷;而任何物质,若失去其部分电子,则会积累正电荷。如果真是这样,那么电子开始时必定是在物质之中,通过某种方式被转移。

另外,电流也许是由穿过有电流存在的物质的电子组成的。因此,在阴极射线管中,当电流到达阴极时,电子就在那里积聚(给它负电荷,这就是为什么它会变成阴极),并以阴极射线粒子流的形式被强行推入真空区域。

电脉冲以光速行进,因此如果你用导线将纽约的一部电话与洛杉矶的一部电话连接起来,那么纽约的一个声音能调制成电流,在大约1/60秒之后,在洛杉矶就会再现这个声音。然而,电子本身是从一个原子撞向另一个原子的,行进速度要慢得多。

这与你对着一长排相同的棋子弹另一枚棋子时所发生的情况类似。随着你弹的那枚棋子撞击到一长排棋子中的第一枚棋子,位于这一长排棋子中的另一端的最后一枚棋子几乎会立即飞出去。处于中间的那些棋子几乎没有动,但是压缩和伸展的脉冲则以音速沿着这一排棋子运动,并将最后一枚棋子弹出。

尽管电子极有可能存在于物质之中,但是,不知怎么,人们总还是认为这些电粒子的存在似乎与被描述成无明显特征而且不可分割的原子有相当大的距离,并独立于原子而存在。

根据19世纪头10年的化学实验积累的资料,似乎可以肯定原子是不可分割的,但认为其无明显特征还只是一种假设。不过科学家也是人,在科学上也与人类思想的其他方面一样,一种假设如果已经在人们头脑中保持了足够长的时间,有时会具有宇宙定律那样的力量。人们会忘记这只是一种假设,并且发现不大容易考虑到这种假设也许是错的这种可能性。

在这一点上,考虑到电流能通过某些溶液而不能通过另一些溶液,法拉第首先系统地研究了这种现象。

比如,就像伏打在制造第一个电池时发现的那样,食盐(氯化钠)溶液就能导电。因此氯化钠是一种电解质。电流不能通过糖溶液,因此糖是非电解质。

法拉第根据他的实验确定,溶液中的某些东西能沿一个方向传递负电荷,而沿另一个方向传递正电荷。他还不能确切地知道究竟是什么东西在传递电荷,但可以给它起个名字。他把这种传递电荷的东西叫做离子(ion,源自一个意为"徘徊者"的希腊语单词)。

19世纪80年代,一名年轻的瑞典化学专业学生阿伦尼乌斯(Svante August Arrhenius, 1859—1927)采用了一种新奇的方法来处理这一问题。他发现纯水具有固定的冰点0℃。如果在水中溶入非电解质(如糖),冰点会略低于0℃。溶入水中的糖愈多,则冰点愈低。事实上冰点降低的量是与溶入水中的糖分子数成比例的。这种规律对于其他非电解质也一样。任何一种非电解质,只要在溶液中所含分子数相同,那么溶液冰点降低的量也相同。

但对电解质而言情况就不同了。如果将氯化钠溶入水中,按照溶液中所含分子数考虑,溶液冰点的降低量刚好是预期值的2倍。为什么会是这样的呢?

氯化钠的分子由1个钠原子(Na)和1个氯原子(Cl)组成,因此其分子式为NaCl。阿伦尼乌斯认为,当氯化钠溶入水中时,它会分裂或离解成2个原子,即Na和Cl。因此可以说,对于溶液外的每个NaCl分子,在溶液中分成了2个一半的分子:Na和Cl。这样,在溶液中存在的粒子数量就会是原先认为的数量的2倍,因而冰点的下降量也是2倍。(由2个以上原子组成的分子也许会分裂成3个甚至4个部分,因而也可能使冰点的降低量是预期的3倍,甚至4倍。)

普通糖分子的每个分子由12个碳原子、22个氢原子和11个氧原子组成,或者说总共由45个原子组成。当溶于水中时,它不会离解而仍然保持完整的分子形式。因此，在溶液中只有预期数量的分子，冰点也只降到预期值。

然而，当氯化钠离解时不可能分裂成普通的钠原子和氯原子。钠原子和氯原子的性质是已知的，而在溶液中却无法发现这些性质。因此这中间肯定发生了什么，使得从氯化钠中离解出来的钠和氯与普通的钠和氯不同。

对阿伦尼乌斯而言，答案似乎是每个氯化钠分子的离解碎片携带一个电荷，它们就是法拉第曾经说过的离子。根据电流通过氯化钠溶液的实验结果，显然可以说，通过离解形成的每个钠微粒均携带正电荷，是钠离子，可以用符号 Na^+ 表示，而每个氯微粒则携带负电荷，是氯离子，可以用符号 Cl^- 表示。它们之所以是电解质并能传导电流，是因为电解质有离解成这种带电碎片的趋势。

钠离子和氯离子所具有的性质与不带电的钠原子和氯原子有很大差别。这就是为什么食盐溶液是一种中性溶液，而钠和氯本身都会危及人的生命。而像糖那样的非电解质不会离解，也没有能携带电荷的带电碎片，因此不能传导电流。

1884年，阿伦尼乌斯准备以他的离子离解理论作为哲学博士学位论文。但考试委员会对他的这篇论文很冷淡，因为他们不打算接受任何说原子能带电的理论。在认为原子是无明显特征而且不可改变的时期，原子怎么可能会带电呢?(它们对理解这种假设没有帮助。)

委员会也不能完全拒绝这篇论文，因为它论证得相当严密，还因为论文解释了如此多的用其他任何方法都无法解释的事情。尽管如此，他们还是以最低能够通过的等级让论文通过了。

13年之后，当J·J·汤姆孙发现电子时，人们突然觉得，显然原子有可能，只是可能，携带的电子数会比正常情况下携带的电子数多或少一两个。此后每过一年都会有新发现，使这种可能性看起来更加肯定，而在1903年,阿伦尼乌斯就是因为这篇在19年前只获得通过等级的论文赢得了诺贝尔奖。

当然,仅仅根据电解质的特性推断出原子中电子的存在,还不能令人完全满意。那么有没有什么方法能直接看到原子中的电子呢?例如,是否有人能把电子从原子中撞击出来并探测到它们呢?

1887年,也就是赫兹用他的探测装置证明无线电波存在的第二年,他在用这套装置做实验时发现,无论何时,只要有电越过他的探测装置的间隙,就会出现一个火花穿过间隙。他还观测到一些稀奇古怪的事,那就是当光线照在间隙上时,火花更容易出现。

显然,光对放电有影响,因此这种现象逐渐被称为光电效应(photoelectric effect,前缀photo源自意为"光"的希腊语单词)。

就在第二年,即1888年,另一位德国物理学家哈尔瓦克斯(Wilhelm Hallwachs, 1859—1922)发现,光电效应对于两种类型的电荷会产生不同影响。一片带负电荷的金属锌在紫外线照射下会失去所带电荷。而同样是这个锌片,若带正电荷则根本不受紫外线辐射的影响,仍保持其所带电荷。对此人们无法解释,直至J·J·汤姆孙发现了电子以后才得以明白,而且在物质中也许存在电子这一点也开始清楚起来。

在那种情况下,由于间隙处的金属片中有一个金属片的电子被迫放出,因而形成穿过间隙的火花。如果光以某种方式使电子释放出来,那么就会更容易形成火花。此外,带负电荷的锌片会携带一些多余的电子,如果光使那些电子被释放出去,那么锌片就会失去那些电荷。而带正电荷的锌缺少电子,由于不能指望光会提供电子来弥补缺少的电子,正电荷将不会受到影响。

这样至少能比较容易地解释早期观测到的光电效应。然而,应对一部分科学家提出适当的忠告,不要过于轻率地朝着这种容易解释的方向急进。有时候这样做会使人掉入陷阱(就像当时有人只是因为阴极射线能穿过金属薄膜,就认定它们不会是由粒子组成的一样)。

因此,单凭电子能从物质中被撞击出来并不意味着它们必定存在于物质之中。1905年,爱因斯坦指出,质量是能量的一种形式,这是他的狭义相对论的一部分论点。质量能转换成能量,能量也能转换成质量。

光包含了能量。那么会不会是撞击金属的光能在某些特定情况下转换成了一个具有质量的小碎片——电子——就是它带走了原先属于金属的一点负电荷呢?若是这样,电子看来绝对不是金属的一部分。

然而,爱因斯坦的理论不仅仅说明质量与能量是可以相互转换的,他还给出了一个简单的方程式,明确指出多少质量会转换成多少能量,反之亦然。结果是,即使是很小的质量也能转换成非常巨大的能量;反之,即使只形成一个很小的质量也需要非常大的能量。

电子的质量非常小,但是即便如此,在紫外线中也显然不存在足以形成电子的能量,这一点很快就明确了。因此,光电效应不可能是由能量转换成电子的结果;而必定是已经存在于金属原子中的电子被释放出来的结果。

放出已经存在的电子所需的能量远比重新生成一个电子所需的能量小得多。若是这样,那就表明前面那种较简单的解释是正确的(这的确是一件令人愉快的事情,在科学上有时候是会发生这种事情的)。

当然,也许从金属中出来的不是电子,这种可能性还是存在的。它们也许是一些带负电荷的其他类型的粒子。然而,1899年,J·J·汤姆孙让这些从金属中出来的粒子进入磁场和电场,他发现它们具有与电子相同的质量和相同的负电荷。由于这两种性质均相符,显然光电粒子就是电子,从此这种观点就再也无法动摇了。

电子和量子

1902年,勒纳德研究了光电效应并指出,从各种不同金属中放出的电子总是具有相同的性质。换句话说,虽然存在许许多多不同的原子,但是它们都与同一种类型的电子相结合。考虑到科学家们都喜欢简单,这无疑是一条人人都希望的信息。

另一方面勒纳德发现,并非所有的光对产生光电效应的作用都是相等的。红光往往不能使电子被释放出来,即使增加光的强度也没有用。无论将光的强度增加到多么强,都不会出现电子。

然而,如果将某一特定金属暴露在波长愈来愈短的光中,就会出现某一点,从这一点起电子开始被释放出来。开始出现这种现象的点所对应的波长被称为阈值。

当光的波长为阈值时,被放出的电子以非常小的速度运动,仿佛光的能量刚刚够使电子释放出来,一点也没有多余。如果使光保持阈值但增加其强度,则会放出更多的电子——但它们仍以非常小的速度运动。

如果金属暴露在波长小于阈值的光下,而且波长愈来愈短,那么放出的电子的运动速度也会愈来愈大。电子运动的速度取决于光的波长,而放出电子的数量则取决于光的强度。不同的金属对应不同的阈值,仿佛有些金属对电子的持有比另外一些金属更松一些。

勒纳德无法对此作出解释,而J·J·汤姆孙也未能做到。19世纪的科学家们都未能解决这一问题。直到普朗克创立量子理论后,又过了5年,人们才运用该理论得到了问题的答案。

普朗克提出,电磁辐射是以一定大小的量子的形式出现的。波长愈短,量子拥有的能量就愈大。

同样,波长愈短,每秒钟产生的辐射波数也愈多。我们把每秒产生的辐射波数称为频率。那么,波长愈短则频率就愈高。因此,我们可以说量子的大小与它的频率成正比。

1905年以前,这种量子概念还仅用于有关黑体辐射的研究。这不会是一个只能解释一种现象而没有更多用处的数学技巧吧?量子**确实**存在吗?

几年之后,即1905年,爱因斯坦所做的理论研究已经能够表明,原子确实存在,并且就在同一年他也切实解决了上面这个新问题。

爱因斯坦是第一个认真使用量子理论的人,并且第一个考虑不仅将该理论方便地用于解决黑体辐射这一个问题。他提出,能量在任何时候、任何情况下都是以量子的形式出现的,因此所有包含能量的问题,不只是黑体辐射问题,都必须考虑量子。

这就意味着当辐射撞击物质时,它是以量子的形式存在的。辐射以量子的形式撞击时,若被吸收,那么被吸收的就是量子,而且在任何时刻、任何地方,被吸收的都是一个完整的量子。

如果撞击的辐射是长波长、低频率的光,那么量子就是低能量的。这种量子在被吸收时也许所含的能量并不足以使电子从特定的原子中脱离出来。在这种情况下,量子只是作为热量被吸收,电子也许会加速振动但不能脱离。如果提供足够的这一类量子,物体也许会由于吸收了足够的热量而融化,但绝不可能有任何一个原子由于吸收了足够的热量而会失去一个电子。

随着波长变短、频率增加,量子所含的能量愈来愈高,当波长达到阈值时,刚好具有使电子脱离的能量。这时,由于不存在任何多余的能量来作为电子运动所需的能量,因此电子的运动非常缓慢。

对于波长更短、能量更高的量子,它具有足够的多余能量,因而能放出速度相当高的电子。波长愈短、能量愈高的量子,电子运动的速度也就愈高。

原子持有电子的松紧程度首先取决于原子的性质,其次还取决于放出电子所需的是较大的量子还是较小的量子。因此,每种元素的阈值都会有所不同。

量子理论简洁地解释了所有观测到的有关光电效应的现象,这给人们留下了非常深刻的印象。若一种已经被用来解释一种现象的理论结果又能解释另一种现象,而且两种现象显然并无联系,那么接受这种能代表事实的理论将会变得非常吸引人。(这里你看到了一个理论应用的实例;它广泛地解释了不同类型的观测结果。如果没有量子理论,就没有人会看到黑体辐射与光电效应之间的联系——对许多其他现象也就不能作出解释。)爱因斯坦因为他的研究找出了这种联系而获得了1921年的诺贝尔奖。

波和粒子

如果光以量子的形式出现,每个量子又分别以高速穿过空间,那么量子的表现形态就像是粒子。甚至连量子也是因它的粒子形态而得名的。由于electron(电子)这个词的最后两个字母是on,所以大多数粒子的名字都会加上on这个后缀。1928年,美国物理学家康普顿(Arthur Holly Compton, 1892—1962)把这种高速运动的量子命名为光子(photon,它源自意为"光"的希腊语单词)。

1923年,康普顿指出,辐射确实能起粒子的作用,这不仅因为它们是分散的某些物体的碎片,还因为**它们的表现**就像粒子一样,因而非常符合他发明的这个名字。量子的波长愈短,能量愈高,它们所显示出来的特性就愈像通常认为是粒子所具有的特性,而不像波。

康普顿研究了将X射线通过水晶使其散射的方法。他发现,有些X

射线在被散射的过程中其波长会增加。这说明X射线量子的一些能量传给了水晶中的电子。康普顿认为这种效应也许是一种特性，就像撞球游戏中一个球撞击另一个球时，一个球失去能量而另一个球则获得能量。当他得出了一个能确切描述所发生现象的数学关系式时，他发现，这好像就是实际发生的事实。现在人们把它叫做康普顿效应。

这表明，牛顿和惠更斯在两个半世纪前都已经分别掌握了真理的一部分。光是由某种既是波又是粒子的物质组成的。这种说法可能显得有些混乱。在我们周围的现实世界里，存在着像水波那样的波，也存在着像沙子那样的粒子，对此人们并不感到混乱。因为波就是波，粒子就是粒子。

关键是光不像我们周围的普通物体，不能硬性地按照同样的定则来规定它属于哪一类。当以某种特定的方法研究光时，它会像水波那样显示出干涉现象。但若再以其他方法来研究的话，它们又会显示出能量的转换，就像撞球游戏中的球那样。不过，从来没有观测资料显示光可以同时表现出波和粒子特性。你可以将光作为其中的一种或另一种来研究，但绝不可能同时研究两种特性。

事实上并非如此神秘。我们可以想象一下，假如你从某一侧去观察一个用于装冰激凌的空的锥形容器，最宽的一部分在顶部，而底部是一个点，其轮廓是一个三角形。然后我们再想象一下，若观察时使宽的开口面直接面对着你，使尖的一端远离你，这时的轮廓就变成一个圆了。如果只允许你以这两种方式去看这个锥形容器，那么你看到的**要么**是圆，**要么**是三角形，不过，你永远也不能同时看到两种形状。

你也许会问，这个锥形容器**真正**的二维轮廓究竟是什么呢？那么答案只能是"这取决于你怎么去观察它"。同样道理，你也许会问，光究竟是波还是粒子呢？那么，也只能这样回答："这取决于你用什么样的特定方法来观测它。"

光的粒子性所产生的一个非常大的影响在于它使传光以太不再必要了。传光以太在科学家们的头脑中已存在了一个世纪，一度被认为必不可少的它所造成的混乱愈来愈多，此刻它消失得就像它从来没有存在过一样——事实上它确实从来就没有存在过。

如果有些似乎是波的东西结果又显示出具有粒子形态，那么有些似乎是粒子的东西又会不会显示出波的形态呢？

1924 年，法国物理学家德布罗意（Louis Victor de Broglie，1892—1987）指出，确实存在这种可能。他利用爱因斯坦表示质量与能量关系的方程式和普朗克表示量子大小与频率关系的方程式，得出每个粒子也应该起到像某种特定波长的波那样的作用。

1925 年，美国物理学家戴维孙（Clinton Joseph Davisson，1881—1958）在研究从密封于真空管中的金属镍靶上反射的电子时，意外地将管子打碎了，这时被加热的镍与空气中的氧化合，从而使镍靶的表面生锈。为了去除这层锈膜，戴维孙不得不再将镍加热了更长一段时间。结果他发现镍表面的电子反射特性发生了变化。在发生意外之前镍的表面是由许多微小的晶体组成的，而现在只是由几个大的晶体组成。

戴维孙是知道德布罗意的观点的，他认为如果继续进行下去，并制成由单晶体组成的镍表面，这将会很有用。那也许能显示一个电子可能具有的任何波形态。然后，他将一束电子流瞄准单晶体表面发射，结果发现电子不仅会反射，而且产生了衍射并显示出干涉现象。这表明电子**确实**具有波的形态。

同样也是在 1925 年，英国物理学家 G·P·汤姆孙（George Paget Thomson，1892—1975），他是 J·J·汤姆孙唯一的儿子，迫使高速电子穿过非常薄的金箔，他也注意到了衍射效应。为此德布罗意因创立了电子波理论而获得了 1929 年的诺贝尔奖，而戴维孙和 G·P·汤姆孙也因为验证了该理论而获得 1937 年的诺贝尔奖。顺便说一下，电子波**不是**电磁波,而是"物质波"。

现在,物理学家们都确信,一切东西都有粒子和波两种形态,但其程度不一定相同。粒子愈大,它的粒子形态就愈显著,也就愈难观测到它的波形态。一个撞球游戏用的球(或者说地球本身)也具有波的形态,但是它所具有的波长是如此之短,以至于人们似乎从来也未观测到过其波形态的存在。我们知道这只是理论上的事,仅此而已。当然,一粒沙子也有波的形态,但是由于太微弱以至于无法观测到。而对于一个电子,由于其质量非常小,只要进行合适的实验,很容易观测到它的波的形态。

同样,能量愈低的波,其波的形态愈明显,就愈难观测到它的粒子形态。水波就是如此之弱(如果只考虑单个水分子),因此根本不能观测到它的粒子形态。声波也一样,尽管物理学家们把声波的粒子形态说成声子(phonons,源于希腊语中意为"声音"的单词)。

当量子非常小时,就连电磁辐射也很难被观测到它的粒子形态,比如无线电波。只有当量子变得很大且波长很短(如 X 射线)时,才能比较容易地观测到它的粒子形态。

爱因斯坦指出,引力场应该能像电磁场那样发射出波。引力场的强度与电磁场相比要小得多,因此引力波极其微弱,它的粒子形态几乎不可能被探测到。尽管如此,物理学家们还是把引力波说成是由高速引力子组成的。

人们之所以认为粒子和波这两种现象是互不相容的,那是因为在我们周围的普通世界里,粒子是如此之大,而波的能量又是如此之小。然而,在原子和亚原子粒子世界中,这种不相容性就消失了。

有时候科学会得出一些似是而非的结果,而且违背常识。重要的是要记住,常识往往是以我们从周围世界中所获得的非常有限的观测结果为基础的。违背常识有时候意味着我们对宇宙进行了更加广泛而又深入的观测。（请记住，以前人们曾被告知的"常识"说地球是平的，太阳是绕地球旋转的。）

第四章

核

原子的探索

一旦科学家们开始怀疑电子可能与原子有关时,一个问题便出现了。电子带一个负电荷,而原子从电的角度来看是中性的。这就意味着在原子中的某个地方必定有正电荷,与电子所带的电荷起中和作用。

如果真是这样的话,那么当电子从原子上移出时,剩下的哪个部分会带正电荷呢?如果原子上增加电子,那么原子加上多余电子就会带负电荷。这就要考虑法拉第和阿伦尼乌斯提出的正离子和负离子了。

1898年,J·J·汤姆孙首先提出了一种携带电荷的原子结构。他保留了原子是微小的、无明显特征的球体这个已经沿用了一个世纪的假设,但是他又提出原子是带正电荷的。在带正电荷的原子中嵌入了足够的电子(就像嵌在蛋糕中的葡萄干)使电荷中和。

J·J·汤姆孙的原子结构观念仍停留在原子是一个实体,如果许许多多原子按上下、左右和内外挨个排列整齐,那么以这种方式形成的实体(solid)确实就像其名字所指的那样——实心的(solid)。

然而,事实并非如此。勒纳德在1903年就已经指出,由高速运动的电子组成的阴极射线能穿过很薄的金属膜,这似乎意味着原子中至少在一定程度上包含空的地方。勒纳德提出,原子是由一些小粒子云组成的;其中一部分粒子是电子,另一部分则是数目基本相同的带正电荷的粒子。正粒子和负粒子相互环绕并成对出现,总的来说呈中性。一大团这种成对粒子也许就组成了一个原子,而在这些成对粒子之间和内部都存在空间。这样,诸如高速运动的电子之类的微小物体就可以容易地穿过。

如果真是这样,那么原子应该同样容易地失去这两种类型粒子的任何一种。如果金属在光的照射下会放出带负电荷的电子,那么为什么不能——至少有时候——放出带正电荷的粒子呢?还有,如果在电流的作用下高速电子会离开阴极,那么为什么没有高速运动的带正电荷的粒子脱离阳极呢?显然,如果确有带正电荷的粒子存在,它们的性质必定与电子有很大的差别。这种带正电荷的粒子肯定是因为某些原因造成其活动性比电子小得多。

1904年,日本物理学家长冈半太郎(Hantaro Nagaoka,1865—1950)提出,原子中带正电荷的部分并非像J·J·汤姆孙假设的那样占据了整个体积,也不像勒纳德假设的那样占据的体积与电子相同。他提出了一个折衷的想法。长冈半太郎相信,原子的带正电荷的部分位于原子的中心,比整个原子要小一些。它的周围有电子围绕,并依靠电磁吸引力将其保持在周围,就像行星依靠引力围绕着太阳旋转一样。

长冈半太郎的方案提供了一个在通常情况下呈中性的原子模型,它考虑到了正负离子的生成,并留有供高速电子穿过的空间。此外它还能解释为什么电子能如此容易地离开原子,而带正电荷的粒子却不能。归根结底,这是因为电子位于原子的外围,而带正电荷的粒子则位于被围起来的中心位置。

但是上面这些方案都没有被真正接受。它们都只是推测性的,并非一定要接受的。人们需要的是有关原子内部结构的直接证据,而要想获得这种直接的证据似乎并不那么容易。总之,怎样才能探测出像原子那样的微小物体的内部情况呢?然而,正当J·J·汤姆孙、勒纳德和长冈半太郎还在改进他们的方案时,这种原子探测装置已经存在了。下面就是这种装置的发现过程。

当伦琴刚一发现X射线,其他物理学家就立即对这种新的辐射展开了研究,许多人都想知道是否能在其他场合找到它。人们之所以没有在其他地方注意到它,仅仅是因为没有人想到要在那些地方去寻找。

法国物理学家贝克勒耳(Antoine Henri Becquerel,1852—1908)对于能发出荧光的化合物特别感兴趣,这些物质会吸收太阳光(或其他高能量的辐射),然后通过发出波长局限在很小范围内的光来放出能量。荧光与磷光非常相似,其差别仅在于发出荧光的物质一旦不再受到高能辐射的照射就会立即停止发光,而发出磷光的物质在照射停止后的一段时间内仍能继续发光。

贝克勒耳很想知道发出荧光的物质是否与可见光一起发出X射线。为了验证这一点,他打算用黑纸将照相底片包好并把它放在太阳光下,再在上面放一块发出荧光的化合物晶体。阳光是不会穿透黑纸的,晶体发出的任何荧光也不能穿透黑纸。如果晶体发出X射线,那么它们会穿透黑纸使底片模糊。

他使用的晶体是硫酸钾双氧铀,一种人们非常熟悉的荧光材料。这种化合物的每个分子含一个金属铀原子。

1896年2月25日,贝克勒耳进行了这项实验,充分证明底片确实变模糊了。他确定该晶体确实放出了X射线。为了证实这一结论,他准备用新的底片重复进行这项实验。可是随后几天都是多云天气,贝克勒耳只好把包有黑纸的底片和放在上面的晶体一起放入抽屉,等待阳光明媚的日子。

3月1日那天,贝克勒耳没有休息。为了让自己有点事情可干,他决定拿出底片看一下,目的只是想确认一下在没有荧光的情况下不会有任何东西能穿透黑纸。使他感到惊异的是,有某种东西在穿过黑纸,而且量还相当大。底片也变得非常模糊。可见晶体肯定发出了辐射,这种辐射与太阳光无关,而且也不涉及荧光。先不管太阳,贝克勒耳转而开始研究这种辐射。

他很快意识到,这种由硫酸钾双氧铀发出的辐射是由其中的铀原子产生的,其他含有铀原子的化合物即使不能发出荧光,也会发出类似的辐射。1898年,旅居法国的波兰物理学家玛丽·居里(Marie Curie,1867—1934)指出,另一种金属钍也能发出辐射。她把铀和钍的这种特性称为放射性。贝克勒耳和居里两人都怀疑其中包含的辐射不止一种类型。

1899年,出生在新西兰的物理学家卢瑟福(Ernest Rutherford,1871—1937)研究了一种让放射性辐射穿透薄铝板的方法。他发现,其中有些辐射能被1/500厘米厚的铝板挡住,而其余的则需要很厚的铝板才能挡住。卢瑟福把第一种辐射称为α射线,源自希腊字母的第一个字母;把第二种辐射称为β射线,源自第二个字母。第三种辐射的穿透能力最强,能穿透所有铝板。这种辐射是1900年由法国物理学家维拉尔(Paul Ulrich Villard,1860—1934)发现的,被称为γ射线,源自希腊字母的第三个字母。

不久以后,这几种辐射的相关数据便被测量出来了。β射线受磁场影响时会发生偏转,偏转的情况清楚地表明,它们是由带负电荷的粒子组成的。1900年,贝克勒耳确定了这些粒子的质量和电荷大小,结果表明β射线很像阴极射线,由高速电子组成。因此,有时高速电子也被称为β粒子。

γ射线在磁场中不会发生偏转,这说明它们不带电荷。卢瑟福猜测

γ射线也许在性质上属于电磁波，能穿过某些晶体。生成的衍射图样表明，它们与X射线非常相像，只是波长更短。

至于α射线，其受磁场影响发生偏转的情况表明，它们是由带正电荷的粒子组成的。会不会就是这些带正电荷的粒子与电子一起构成了如勒纳德所想象的原子呢？

不会。勒纳德所想象的那些带正电荷的粒子，除了电荷属性外，它们的性质更像电子。然而，α粒子除了电荷性质以外，在其他方面与电子的差别也非常大。1906年，卢瑟福指出，α粒子的质量要比电子大得多。现在我们已经知道，它的质量约是电子的7344倍。

卢瑟福一发现α粒子具有特别大的质量就马上意识到，这似乎就是他想用来探测原子的那个东西。一束撞击一片金属薄膜的α粒子将会穿透薄膜，这种穿透的方法也许会产生有用的信息。

卢瑟福将一片放射性物质放在一个带有小孔的铅盒内。辐射不能穿透铅，但一小束辐射能从小孔中射出，然后使它撞击一片金箔。他在金箔后面放了一张照相底片，如果有α粒子穿过金箔，则底片就会变模糊。

金箔薄得呈半透明状态，但由于原子非常小，金箔还是有大约20 000个金原子那样厚。即便如此，α粒子还是击穿了金箔，仿佛那20 000个原子根本就不存在一样。粒子使底片模糊的程度与金箔不存在时一模一样。

除此以外，卢瑟福还注意到有一些α粒子发生了偏转。从底片上还可以看到在黑色的中心点周围有薄薄的云雾。这种薄雾随着距离变远衰减得很快，但没有完全消失。大约每8000个α粒子中有1个会发生90°或90°以上的偏转。事实上，偶尔会有一个α粒子像是撞上了某个东西而直接弹了回来。

为了解释这种现象，卢瑟福于1911年提出了他的原子结构模型。

他认为原子的全部质量几乎都集中在位于正中心的一个很小的带正电荷的实体上。原子的外围只有电子,其延伸的范围几乎占了原子的全部体积。这有点像长冈半太郎所描述的原子,只是在卢瑟福所描述的原子中,位于原子中心的带正电荷的实体要小得多而且重得多。

此外,卢瑟福有实验观测结果,而长冈半太郎没有。α粒子穿过原子中的电子所在区域时就仿佛那里什么东西也没有,因为α粒子与电子相比质量实在是太大了。如果α粒子靠近质量很大的带正电荷的中心实体,那么α粒子(它本身带正电荷)就会发生偏转。根据偏转的比例,卢瑟福可以计算出核的大小。而长冈半太郎则没有这种证据。

此后,卢瑟福因其取得的进展公正地获得了很高的荣誉。该中心实体被称为核(nucleus,其复数为nuclei,该词源自拉丁语中意为“很小的核”的单词),因为这类似于在相当宽敞的原子壳内部的一个微小的核。由于在生物学中,活细胞也具有被称为核的中心实体,而原子的中心实体有时被称为原子核(atomic nucleus)。考虑到本书中的主题,这里就一般不采用这个加了限定的单词了。

尽管卢瑟福描述的带核的原子结构在此后的3/4个世纪中被加入了许多我们在后面将要看到的细节,但它经证明是完全令人满意的。卢瑟福因为这项研究以及其他工作获得了1908年的诺贝尔奖。(他获得的是化学奖,但是他还不太高兴,因为他认为自己当然是物理学家。)

带正电荷的粒子

无论在何处,核都占有原子99.945%—99.975%的质量。因此,研究核就变得非常重要了。的确,你也许会说,核几乎就是“真正的”原子。19世纪的人们想象中的原子基本上是没有东西的空间,或者至少是充满了不存在实体的粒子或电子波的空间。而留基伯和德谟克利特最初想象的那种微小的、球状的、实心的、不能再小的物质可能就是核。

不管核的质量如何,它的尺寸是很微小的,其直径仅为原子的1/100 000。根据这一点就可以认为它就是像电子那么大的亚原子粒子。

核必须携带正电荷;所带电荷的多少应足以与通常在某特定原子中出现的所有电子携带的总电荷中和。然而,这种带正电荷的亚原子粒子的历史并不是从卢瑟福开始的。

曾经给阴极射线命名的戈尔德施泰因,他的兴趣在于设法找到向相反方向进行的辐射的踪迹。他未能探测到这类从阳极发出的辐射。1886年,他想到要发明一种阴极,这种阴极本身就允许辐射向另一个方向进行。他想通过使用一个被穿过孔并带有一些小洞(或"通道")的阴极来达到这一目的。他将这种阴极密封在一个抽成真空的管子中央,并使电流强行穿过,这时就形成了阴极射线。不管怎样,在阴极附近也产生了带正电荷的辐射,这种辐射能穿过通道,向相反方向运动。

这正是戈尔德施泰因所观测到的。他把这种新的辐射称为Kanal-strahlen(德语),意思是"通道射线"。然而,该词在译成英语时被错译成了"canal rays"(极隧射线,即阳极射线)。

1895年,佩兰将一个物体放在极隧射线通过的地方,在该物体上积聚了一些这种射线,结果表明该物体通过这种方法获得了正电荷。因此,1907年,J·J·汤姆孙提出把极隧射线叫做正射线。

1898年,维恩将这种射线放入磁场和电场中。他发现,组成正射线的粒子要比电子重得多。实际上,它们简直就和原子一样重。此外,正射线粒子的质量取决于残留在真空管中的微量气体的种类。如果残留的是氢气,那么正射线粒子的质量等于氢原子的质量;如果是氧气,那就等于氧原子的质量,以此类推。

一旦接受了卢瑟福的核原子基本理论,立即就能明白正射线粒子是什么了。组成阴极射线的高速电子撞击游离在阴极射线管中的各种原子——氢、氧、氮或其他任一种原子。电子的质量不足以对原子核产生扰动，而且在一般情况下很难击中它们。然而，它们却能击中电子，并将电子撞离原子。原子失去它们的电子后就成了带正电荷的核，并且会朝着与阴极射线粒子运动方向相反的方向移动。

早在1903年，卢瑟福就已经认识到，α粒子的性质与正射线粒子非常相似。到1908年，他已十分肯定，α粒子的质量刚好与氦原子相等。他总觉得α粒子与氦之间肯定存在着一些联系，因为在铀矿石中总在不断地产生α粒子，同时也似乎总是包含少量的氦。

1909年，卢瑟福在一个双层壁的玻璃容器中放置了一些放射性材料。容器的内层玻璃壁很薄，但外层玻璃壁则相当厚。两层玻璃壁之间抽成真空。

由放射性物质放出的α粒子能穿过薄薄的内壁，但不能穿过很厚的外壁。因此，α粒子就会被收集在两层壁之间的空间内。几天之后，两层壁之间聚集的粒子已达到试验所需的量；这时进行试验即可检测到氦。显然，α粒子就是氦核。其他正射线就是其他原子的核。

正射线粒子与电子的差别之一是：所有的电子都具有相同的质量和相同的电荷；而正射线粒子却具有不同的质量和电荷。不用说，物理学家们都急于知道，他们是否能通过某种方法将正射线粒子分得更小，也许会存在一种不比电子大的极小的正粒子。

卢瑟福就是这些寻找这种微小的"正电子"的人中的一个，但是他没有找到。他所能发现的最小的带正电荷的粒子，其重量与氢原子相同，那肯定是氢核。1914年，卢瑟福断定，这种粒子一定是能够存在的最小带正电荷的粒子。它所具有的电荷恰好等于电子所带的电荷（是正的，而不是负的），而它的质量，我们现在已经知道，等于电子质量的1836.11倍。

卢瑟福把这种最小的正射线粒子称为质子（proton，源自希腊语中

"第一"这个单词），理由是，当这些粒子按质量递增的顺序排列时，质子处在第一位。

原子序数

核可以被看作原子的基本核心，它们之间的差别就像我前面说过的那样，主要是两个方面，即它们的质量和它们所带正电荷的多少。这代表了在早期知识水平上的一次显著的进步。在整个19世纪，人们对原子内部的电荷一无所知，只知道原子之间的质量不同。而仅仅考虑质量是不能完全令人满意的。

在本书的前面，我曾经提到，当元素按照其原子的质量（原子量）依次排列时，即可形成一张周期表。在这张表中，那些性质相似的元素在排列时会排在同一列中。

这张表只是以原子量为基础排定的，因而有其缺点。质量差别的大小会随着原子量的增大而改变。有时候从一个原子到下一个原子其质量的差别非常小，而有时候又很大。还有一种情况是，某一特定元素的原子量确实会比同一行中下一个元素的原子量还略大一些。

实际上，如果质量是唯一的要素，那么在这种情况下，两个元素应该换位。但是它们不能换位，因为如果换位的话，这两个元素都会被放入与它们性质不相类似的一组元素中去。首先发明周期表的门捷列夫认为，使元素保留在它们自己的一族中比严格按照原子质量递增的顺序排列更为重要，这一观点后来也得到了化学家们的认同。

还有，如果仅仅以质量作为区分元素的特征，那么人们永远也不能保证，也许什么时候会发现一种原子，其原子量在两个已知元素之间。直到19世纪90年代，当时人们还不知道的整整一族的元素才被发现，这样必须在周期表中加上新的一列。但是，如果发现有新的第二个区分原子的特征,如应该考虑核所携带的正电荷的多少,那么也许有可能解决存在于周期表中的那些模糊不清的问题。

通过X射线即可使上述想法得以实现。(在首次发现X射线时,人们还无法预测到它们将会被用于与周期表有关的问题。然而,所有的知识都是一体的。当一盏灯发光,并照亮房间的一角时,它进一步会照亮整个房间。一而再、再而三地,科学发现已经为那些与最终导致科学发现的现象并无明显联系的问题提供了答案。)

当阴极射线照射到真空管的玻璃上时,便会产生由伦琴首先探测到的X射线。高速运动的电子突然减速并失去动能。事实上这种能量不会真正消失,而只能转换成另一种形式的能量;在这种情况下,它转换成了电磁辐射。由于在一瞬间损失的能量是如此之大,因而形成了具有超常能量的光子,以X射线的形式发出辐射。

人们一旦理解了这一点就能很快意识到,如果把某些密度比玻璃更大、由更重的原子组成的东西放在高速电子经过的地方,就会使它们更加明显地减速。这时形成的X射线的波长会更短,并具有更高的能量。显然可以采用各种不同的金属板。将这些金属板放在管子中与阴极相对的一端,高速运动的电子将会对它们进行撞击。这种金属板被称为对阴极(anticathodes,这里的前缀anti源自希腊语中意为"相对"的单词)。(通常,阳极是位于与阴极相对的位置,而这里却为了给对阴极让位,便将阳极放在管子的侧面。)

1911年,英国物理学家巴克拉(Charles Glover Barkla,1877—1944)注意到,当通过由某种特定金属构成的对阴极产生X射线时,它们穿透物质的能力总是只能达到一定的程度。每种金属产生的X射线的穿透能力均为与这种金属相对应的特定值。后来,当人们认识到X射线是电磁波时,这种现象就被解释为每种金属会产生一种特定波长的X射线。巴克拉把它们称为特定金属的特征X射线。

巴克拉还发现,有时候某一特定金属构成的对阴极能产生两种类型的X射线,每种射线有它自己的穿透特性,但是两者之间不存在更多的区别。他把穿透性较强的射线束称为KX射线,而把穿透性较弱的那束称为LX射线。后来,他发现穿透性更弱的射线束会在某些情况下产生,就继续用字母来为它们命名,如MX射线、NX射线。为了表彰他的这一成就,巴克拉荣获了1917年的诺贝尔奖。

巴克拉的研究工作由卢瑟福的一个学生莫塞莱(Henry Gwyn-Jef-freys Moseley,1887—1915)继续进行下去。1913年,他非常仔细地研究了特征X射线,采用的是刚刚由布拉格父子发现的X射线的晶体衍射。

莫塞莱发现,如果他沿着元素周期表逐步向上选择元素,那么它们所产生的X射线的波长会有规律地缩短。用作对阴极的金属的原子量愈大,则产生的X射线的波长就愈短。而且,波长的变化比原子量的变化更有规律。

物理学家们认定,电子减速的快慢主要是由原子核上所带正电荷的多少决定的,这表明,沿着元素周期表向上,原子核中电荷的增加比其质量的增加更加有规律。

莫塞莱提出,事实上,随着元素在周期表中每向上进一格,电荷的大小便增加1。因此,氢是第一个元素,以质子作为它的核,所带电荷为 +1。氦是第二个元素,它的核(α粒子)所带的电荷为 +2。锂是第三个元素,具有带3个正电荷的核,以此类推直至铀。铀是当时已知的最重的原子,它具有一个带92个正电荷的核。

莫塞莱把核电荷的大小称为元素的原子序数,并证明它与原子量相比,是更加基本的概念。事实上,莫塞莱的原子序数概念经过后来的物理学家们的改进和发展,确实解决了周期表中存在的许多问题。

因此,沿着元素周期表向上,你会遇到某一元素的原子量比它后面元素的原子量略高的情况,如果改用原子序数作比较的话,就不会出现这种现象。一个元素因为其原子量略高于紧随其后的元素，它似乎是错位了，但结果显示它具有较小的原子序数。如果所有元素毫无例外地依次按原子序数排列，且证明它们是按恰当的族排列的，那就不需要改变位置。同样，当两个相邻元素的原子序数相差为1时，则它们之间不可能存在至今仍未被发现的元素。

不久以后人们就清楚地知道，所有负电荷都是一个电子所带电荷的整数倍，同样，所有正电荷也都是一个质子所带电荷的整数倍。一个核所带的电荷可以为 +16 或 +17，但绝不可能为 +16.4 或 +16.837。

凡是在周期表中缺少元素的地方，即从一个元素跳过空格至下一个元素时，其特征 X 射线的波长变化是预期值的2倍，那么这两个元素之间必定还有一个元素。

在莫塞莱提出原子序数的概念时，周期表中还有7个空格，每个空格都代表一个尚未被发现的元素。到1948年，这些空格都被填满了。物理学家们能够生成原子序数大于92的原子，所采用的方法我们将在后面加以解释。到目前为止，我们已经知道了原子序数从1至106的全部元素。（当时，莫塞莱因为那几年在这方面所取得的成就，几乎肯定要获得诺贝尔奖了，可是就在1915年，他在第一次世界大战的一次战斗中，在土耳其的加利波利阵亡了。）

原子序数告诉了我们原子核所带正电荷的多少。由于正常的原子作为一个整体其电荷呈中性，对应于核内的每个正电荷，在原子的外围一定会有一个电子。因此，由于氢核带有的电荷为 +1，正常的氢原子必定拥有1个电子。对于带有2个正电荷的氦核，每个原子必定拥有2个电子；氧核带有的电荷为 +8，它必定有8个电子；铀核带有的电荷为 +92，它必定有92个电子，等等。简而言之，原子序数不仅反映了核电荷的大小，而且等于一个正常原子中所含的电子数。

这就使人能够理解，化学反应是当原子——无论是独立的还是作为分子的组成部分——相互撞击时发生的。如果确实是这样，那么这种撞击基本上发生在一个原子的电子与另一个原子的电子之间。而两个原子的核由于位于相距甚远的原子的中心，并隐藏在电子的后面，根本不可能参与化学反应，甚至不会对它们产生决定性的影响。

这不仅有道理（事物不只是因为它们有道理才必须是如此的），而且似乎由此可以得出阿伦尼乌斯的电离离解理论。离子的形成好像就是一个或多个电子从一个原子转移至另一个原子的结果。

对于像糖那样的分子，似乎不会形成离子。相反，分子中的原子直接连在一起，也许是由于它们共同享有电子，因而不易被分开，而原子仍保持原封不动。然而，还存在着这样一些情况：在某些情况下，电子转移会成较稳定状态；而在另外一些情况下，共享电子会成为较稳定状态。这是为什么呢？

我们从由6种元素组成的一族元素可以得到启示，这些元素都由没有转移或共享电子倾向的原子组成，而且始终保持单个原子状态。其中3种最轻的原子——氦、氖和氩——根本不会转移或共享电子，至少化学家们至今尚未观测到。而3种最重的原子——氪、氙和氡——只有在一些极端环境下才会共享电子，但不是很牢固。

这6种元素被称为惰性气体。（因为它们很冷淡，一般不大与普通事物发生关系。）说明这些元素具有"惰性"的最好方法是对它们作这样的想象：电子围绕原子从里到外排列成一个又一个的同心壳层。显然，从内向外，每个电子壳层都比前面相邻的一个电子壳层大，并拥有更多的电子。因此，氦原子具有两个电子，它们似乎充满了最里面的电子壳层。这并不奇怪，因为最靠近核的电子壳层应该是最小的电子壳层，能够容纳的电子也最少。

美国化学家刘易斯（Gilbert Newton Lewis，1875—1946）和朗缪尔（Irving Langmuir，1881—1957）从1916年起，开始独立研究电子壳层以

及电子转移或共享的概念,因为这些现象似乎能非常好地解释化学特性。(实际上,这个主题在随后的几十年中得到了很大的改进,我们将在后面论述。)

各个不同电子壳层与特征X射线系列有关,这一现象是由巴克拉首先发现的。K系列X射线的穿透性最强,似乎是由离核最近的电子壳层产生的。因此第一层电子壳层被称为K层。

根据同样的道理,紧挨着K层的外面一层被称为L层,由于它产生的是穿透性稍弱的L系列X射线。L层以外依次是M层、N层等等。

氖原子之所以是惰性的,既不转移也不共享电子(因此不发生化学反应),很可能是因为一个被充满的电子壳层特别稳定。共享或转移电子都会降低状态的稳定性,而稳定性永远不会自发地降低。(要使某物降低稳定性往往要耗费能量,而稳定性却都要靠自身来产生。这些性质都与热力学第二定律有关。)

下一个惰性气体是氖,它的原子中有10个电子。其中前面2个将K层充满,接着的8个将L层充满。L层比较大并能容纳较多的电子。因此,氖的电子图样是2、8。由于氖具有一个充满的、稳定的L层,因此它是一种惰性气体。

氖后面是氩,其原子中有18个电子。这些电子的排列形式为:2个在K层,8个在L层,8个在M层;或者说是2、8、8。M层比L层大,能容纳8个以上的电子。实际上,它可以容纳18个电子。然而,最外层容纳8个电子(不管它总共能容纳多少)是一种特别稳定的位形,从而使氩成为惰性气体。

氩后面是氪,它有36个电子,排列成2、8、18、8;然后是有54个电子的氙,排列成2、8、18、18、8;最后是氡,它具有86个电子,排列成2、8、18、32、18、8。

显然,当一种原子与另一种原子相互作用时,在可能的情况下会形成惰性气体的电子位形。例如钠有11个电子,它们的排列为2、8、1。这11个电子中只有1个位于M层,很容易丢失。当该电子丢失时,钠原子就变成了带1个正电荷的钠离子,这是因为钠核所带的11个正电荷与位于其外围的仅有的10个电子不能完全中和。(注意,失去一个电子不会使钠变成氖,尽管氖的原子中也有10个电子。与原子本性有关的是核电荷数,而不是电子数。)

另一方面,像氯有17个电子,排成2,8,7。它需要再多一个电子即可形成惰性气体的位形。因此,它有获得一个电子的趋势,从而变成原子中带有18个电子的带负电的离子,使得带17个正电荷的核失去平衡。

因此,钠原子和氯原子很容易互相发生反应,通过一个电子的转移形成钠离子和氯离子。又由于正电荷和负电荷相吸使两者相互依附。当盐在水中溶解时,离子的边界会略有松动,并能产生相互滑移。这样,这种溶液就能传导电流。

如果两个氯原子各捐出1个电子,就像放到一个共享的池子里一样,则也能形成另一种类似的稳定位形。这时,每个原子在其最外层中有6个电子是完全属于自己的,而有2个电子是与另一个原子共享的。只要这两个原子保持联系,那么每个原子的最外层都充满电子并且是稳定的,从而使它们之间能保持有2个共享的电子。结果是两个氯原子生成了一个双原子的氯分子(Cl_2),它比两个单独的氯原子更加稳定。

通过对原子中电子排列状况的研究,化学家们发现,现在他们能够理解为什么周期表中元素的排列原来是以化学反应为基础的,而现在反过来要取决于最外层电子的排列。另外,化学家们发现,他们能用电子的排列来解释许多化学反应,而早些时候他们只是简单地接受,并不知道为什么会如此。

至此,人们已完全能接受,电子就像微小的实心粒子,以一定的几何排列形式存在。然而,这种观点还不足以解释光谱线,而光谱线也可用于将每一种元素与其他元素区分开来。

光 谱 线

自从牛顿验证了光谱的存在之后,许多科学家对它作了仔细的研究。例如,让阳光通过一个微小的狭缝后再穿过一个棱镜,则每种波长不同的光就会投射出具有某种特征颜色的图像。这些不同波长的光排列时靠得很近,就像是一条平滑的颜色变化的彩带(像彩虹一样)。但是会不会有一些波长因某种原因而被丢失了呢?在这种情况下,可能会在光谱的某些位置产生暗线。

1802 年,英国化学家沃拉斯顿(William Hyde Wollaston, 1766—1828)观测到了这种暗线,但他没有追究这个问题,当时也没有其他人去追究。

然而,到了1814年,德国光学仪器制造商夫琅禾费(Joseph von Fraunhofer, 1787—1826)生产出了非常好的棱镜以及其他光学设备,从而能生成比以往更加清晰的光谱。这时他马上在光谱中观测到了数百条暗线。他仔细地划下了它们的位置和起伏度(prominence),并指出无论光源是阳光、月光还是来自行星的光,都有同样的线落在相同的位置。(当然,月亮和行星发出的光都是反射的阳光,因此这也许并不奇怪。)

从那时起,这种常常被称为夫琅禾费线的暗线得到了仔细的研究,但只是被看作比好奇心略强一点儿而已。直至1859年,基尔霍夫才对此有了重大突破。

基尔霍夫发现,假如对一些特定的元素加热,它们不会像太阳那样产生连续光谱,而是辐射出波长并不连续的光。因此,光谱由许多亮线组成,中间由暗区隔开。如果让阳光穿过某种特定元素的相对较冷的蒸气,那么蒸气只吸收那些与辐射时放出的波长相同的光,就会在光谱上的相应位置产生暗线。此外,每一种元素在加热或冷却时,只放出或吸收它自己特征波长的光。用观测光谱的方法,就可以根据材料被急剧加热时发出光的波长来鉴定存在于某特定材料中的元素。那么,通过观测光谱还能发现迄今为止人们还不知道的元素。根据太阳和其他恒星的光谱中的暗线就能鉴别存在于太阳和其他恒星中的元素。

所有这些关于光谱线的知识对于化学家和天文学家来说都是极其重要的,但是,没有一个人知道为什么不同的元素会辐射或吸收不同的波长。瑞士物理学家巴尔末(Johann Jakob Balmer, 1825—1898)在研究解决该难题的工作中取得了进展。他对灼热的氢的光谱特别感兴趣,因为它似乎比其他元素的光谱更简单(确实是这样,因为氢是最轻而且可能是最简单的元素)。

氢光谱由一系列线条组成,随着波长的缩短,线条之间的间隔愈来愈近。1885年,巴尔末推导出了用于计算这些线条波长的公式。公式中所含的一个符号可以用连续的平方数来代表,即1、4、9、16等等。因此,氢光谱中这些线条各自的波长都能被计算出来。这仍不能解释为什么这些线条会出现在它们所处的位置,但至少说明这些线条非常有规律,而且肯定以某种方式反映在原子的结构中。因此在获得更多有关原子结构方面的知识之前,无法使这项研究有更大的进展。

一旦物理学家们接受了核型原子,他们就必须要考虑,是什么使电子保持在各自的位置上。如果说电子是带负电荷的,核是带正电荷的,又如果正负电荷相吸,那么电子为什么不会落入核中呢?这对地球而言也是要问的一个问题——既然地球和太阳相互吸引,为什么地球不会落入太阳中。对于地球的这种情况,答案是因为它在轨道上运行。它**确**有朝太阳下落的趋势,但是由于它以一定速度绕太阳运动,从而使它能永远保持在轨道上运行。

因此，人们自然会认为，原子也像一个类似的微型太阳系，电子在原子核周围快速运动。然而，这里还存在一个问题。根据电磁理论可以知道（并观测到），当一个带电物体以这种形式旋转时，它会发出电磁辐射，并在这一过程中失去能量。由于能量的损失，它会以螺旋的形式向内，最终落入核中。

同样，地球在绕太阳旋转的过程中会放出引力辐射，并在此过程中失去能量，因而以螺旋的形式落入太阳。然而，由于引力比电磁力弱得多，因此，地球以这种方式失去的能量是非常少的，即使绕太阳旋转几十亿年也不会以螺旋的形式明显地靠近太阳。

然而，电子承受的电磁场却要强得多，会以辐射的形式损失过多的能量，最终消失在核中。因此，这个过程似乎不会拖得太久——但实际情况并非如此。原子能无限期地保持稳定，它们的电子也一直处在原子外围。

这个问题是由丹麦物理学家玻尔（Niels Henrik David Bohr, 1885—1962）解决的。他断定，用不着说电子在原子的轨道上运行会辐射出能量，它肯定不会。他坚持认为，只要电子保持在轨道上运行，就**不会**辐射出能量。

还是拿氢来说，当它受热时会辐射出能量——当它受冷时会吸收能量。它放出的特定波长符合巴尔末的方程式，吸收的也是那些相同的波长。为了对此作出解释，1913年，玻尔提出，氢原子中的电子可以出现在许多不同轨道中的任何一个轨道上，而这些轨道离核的距离都不同。无论何时，电子总是位于某个特定的轨道上，不管轨道的大小如何，它都不会获得或失去能量。然而，当电子改变运行轨道时，如果它离核更远了，就会吸收能量；如果它靠近核了，就会放出能量。

那么在某个特定轨道上运行的电子，为什么会在吸收能量后突然向外射入相邻的更大的轨道——而从来没有任何机会进入位于两个轨道中间的一个轨道呢?玻尔发现这种现象必定与量子理论有某些联系。如果原子只能持有一定大小的量子,那么,当它吸收一定波长的光,这样就会自动地将电子向外送入相邻的轨道。

玻尔计算出了一系列结果,绘出了一系列可能的电子轨道,从而得出能够吸收或放出的一定大小的量子(从而辐射出一定波长的光),就能恰当地解释氢光谱中这些线条的特定波长。

玻尔的成就说明,仅仅根据经典物理学是不能研究出原子结构的;而必须要利用量子理论。他因此荣获了1922年的诺贝尔奖。

玻尔的公式中有一项必须使用不同的整数,每个数都代表一组不同的光谱线。之所以必须用整数是因为其中涉及整数量子。你不能拥有带分数的量子。因此,代入公式中的数被称为量子数。

虽然玻尔的公式给出了光谱线的波长数字,但仍不能解释所有的事情。如果用更加精密的仪器来研究光谱线,结果会显示每一根线又具有"更细的结构"——许多间隔更小的更细的线条。好像玻尔的每个轨道又是由一组相互之间间距更小的轨道组成的。

1916年,德国物理学家索末菲(Arnold Johannes Wilhelm Sommerfeld,1868—1951)指出:玻尔的轨道都是圆的;但是轨道也可能是椭圆的,且具有不同的椭圆率。为了能将这些新的轨道考虑进去,必须引入第二个量子数。这个数可以是从0到比玻尔的量子数小的任何一个整数。

如果玻尔的量子数(或称主量子数)是能够取的最小数1,那么索末菲的量子数(或称轨道量子数)就只能是0。如果主量子数是2,那么轨道量子数可以是0或1,以此类推。如果同时考虑这两个量子数,就能表示出更精细的光谱线结构。

然而,问题还在继续复杂化。如果说原子是处于磁场中的,这些线条似乎肯定能由单根分成更小的几个部分。玻尔和索末菲两人描述的轨道(无论是圆形或椭圆形)都是在单一平面中的,因此,由核和所有可能的轨道构成的系统就像一张纸一样平。但是轨道发生倾斜也是可能的,因此,所有轨道也许会在三维空间中对称分布,从而使原子具有一个球形轮廓。这一点是很有意义的,因为在许多方面原子总是表现得像一个微型球体。

为了考虑到轨道的三维体系,必须增加第三个量子数——磁量子数。它可以是从0至主量子数之间的任何正整数以及对应的负整数。如果主量子数是3,则磁量子数可以是 − 3、− 2、− 1、0、+ 1、+ 2或 + 3。

采用了三维系统后似乎就没有更多的事要做了。不过还是存在着一些光谱线特征使人迷惑不解。旅居瑞士的奥地利物理学家泡利(Wolfgang Pauli, 1900 —1958)便又增加了一个量子数。它用来代表电子绕自身轴的自旋,这种自旋可以是一个方向或另一个方向的,即顺时针或逆时针的。为了使计算符合观测到的有关光谱线的实际情况,该自旋量子数必须等于 + 1/2或 − 1/2。

泡利还进一步指出,在一个原子中不可能存在四个量子数都完全相同的两个电子。因为一旦一个电子确定了它的四个量子数,任何其他电子都会被从代表这四个量子数的特定轨道上逐出。这就被称为泡利不相容原理。为此,泡利获得了1945年的诺贝尔奖。(有时候科学家为了获得诺贝尔奖,必须要等上20年,偶尔甚至会等上50年之久。要想看出一个发现确实是非常重大的,这常常需要时间。如果一看到某些事物**似乎**很重要就马上给予奖励,那么许多奖也许会发给那些最终被证明是微不足道的,甚至是错误的发现。)

用四个量子数建立详细的数学体系并用不相容原理描述电子在原子中是如何分布的,这些工作是由意大利物理学家费米(Enrico Fermi, 1901—1954)于1926年和英国物理学家狄拉克(Paul Adrien Maurice Dirac, 1902—1984)于1927年分别完成的。该体系被称为费米—狄拉克统计法,它适用于任何自旋为 + 1/2 或 – 1/2 的粒子。这些粒子合在一起就是费米子。电子就是费米子的一个例子,质子也是。

还有一些粒子,它们的自旋分别为0、1或2。(例如,光子的自旋为1,引力子的自旋为2。)这类粒子并不遵守不相容原理,它们的分布方式是由印度物理学家玻色(Satyendra Nath Bose, 1894—1974)于1924年研究出来的。1925年,爱因斯坦赞扬了玻色的工作,并对它进行了补充。这个体系被称为玻色—爱因斯坦统计法。任何自旋为整数或0的粒子都被称为玻色子。

尽管已经取得了巨大的进步,玻尔的电子运行轨道总还是不十分完美。人们还是把电子想象成围绕其轨道运行的粒子。如果真是这样,那么仍然不能解释清楚为什么电子不会发出辐射而且不会落入核中。我们能很肯定地说,当电子在轨道上运行时不会产生辐射,但这究竟是为什么呢?我们也可争辩说它只能放出一定大小的量子,但为什么呢?这中间一定忽略了某些因素。

德国物理学家海森伯(Werner Karl Heisenberg, 1901—1976)认为,每当人们想要按照日常生活中的经验来描述原子结构时,总会碰到麻烦。我们在研究行星绕太阳或撞球相互撞击等现象时所用到的内含质量与原子相比实在太大了,而出自原子的微小的量子所形成的能量也太小了,以至于根本不会对这类物体产生任何引人注意的影响。因此,我们所有的思维想象都是非量子世界的。然而,在论及原子、电子和辐射这类问题时,我们面对的是一个量子的影响非常显著的世界,因而我们的想法老是出错。(量子理论在某些方面把宇宙说成是颗粒状的系统,而不是完全光滑的。就像报纸上的照片,它是由许多黑色和白色的小点组成的,由于这些小点实在太小,以至于我们根本分辨不出来,因此,整个照片看上去是光滑的。如果将照片放大至足够的倍数,就会发现我们熟悉的图像都不见了。我们看到的都是点,它们不再形成一张可辨认的照片。）

　　海森伯认为，只应使用取自光谱的数字，并用某种方法将物理学家们计算出的有关原子特性的数值答案进行处理，这才是有用的，而不应试图用轨道、椭圆、倾斜、自旋以及其他一些术语来解释原子的特性。1925年，海森伯为了达到这个目的，创立了矩阵力学。因为他使用了一种被称为矩阵的数学工具，故称为矩阵力学。

　　然而，就在同一年，戴维孙证明了电子波的存在，这使奥地利物理学家薛定谔（Erwin Schrödinger，1887—1961）想到，这种波能够解释电子运行轨道的性质。

　　假如我们认为电子是一种波，而不是一种粒子，那么我们就能把围绕原子核的轨道描述成是由整数波长组成的。然后，如果我们想象自己围绕核来追踪波的踪迹，它自己是在进行折回跑从而在核的周围形成了一条看上去就像波动环的运行轨迹。最小的轨道由单一波长往返组成。由于电子占据一个长度小于单波的轨道，所以它不会掉入质子中。所有其他轨道都离开不同的距离，并具有不同的形状，这样，一组整数波就会围绕该轨道定位。这就是为什么这些轨道都只能位于特定的距离处，并形成一定的椭圆、保持一定的倾角、具有一定的自旋等等。

　　薛定谔通过考虑这些电子波得出了能够解决这些问题的数学处理方法，并于1926年公开发表。他的这个系统被称为波动力学。另外，狄拉克也发表了他的处理方法，为此他和薛定谔分享了1933年的诺贝尔奖。

　　最终的结果显示波动力学和矩阵力学是相当的；他们得出了相同的结果。因此，这个数学体系被简称为量子力学。另外又经过改进和提高，这个系统已被证明完全适用于有关电子和亚原子等方面的一般现象。

　　1939年，美国化学家鲍林（Linus Carl Pauling，1901—1994）运用量

子力学的原理解释了原子转移和共享电子的方式。这代替了朗缪尔和刘易斯的较老的粒子系统,并显得更加巧妙,能解释许多老系统不能解释的问题。为此,鲍林获得了1954年的诺贝尔奖。

1927年初,海森伯证实,即使从理论上也不可能测量出完全精确的测量值,因为用量子力学表示出来的宇宙存在粒度。例如,假设你想确定一个粒子的确切位置以及它的实际动量(等于它的质量乘以它的速度)。任何你能用于确定位置的设备都会改变粒子的速度,因而改变它的动量。而任何你能用于确定动量的设备又会改变粒子的位置。你能得到的最好结果将是一个略显模糊、具有不可避免的小误差的综合位置和动量。如果位置的不确定度和动量的不确定度两者都能获得绝对最小值,那么这两个最小值相乘即可得出与量子理论的基本常量相对接近的值。

海森伯不确定性原理还指出,人们不可能同时准确地确定时间和所含能量。为此,海森伯获得了1932年的诺贝尔奖。不确定性原理是一个非常重要的发现,用它可以解释亚原子物理学中许许多多不可思议的事情。然而,许多科学家都回避它。因为,如果确实是那样的话,宇宙中就会存在一种永远不能被消除的完全随机性元素。比如爱因斯坦就从未接受过不确定性原理,并总认为量子力学是一种不完善的理论。

不确定性原理虽然仍未被完全接受,但也未被屏弃。此外,宇宙似乎就应该是不确定性原理描述的那样,而且还没有与之相争的观点。

玻尔描述的电子运行轨道图似乎把电子描述成粒子,每一时刻它的位置和运动是能够而且应该知道的。薛定谔采用的波经证明要准确得多,而波却并非像玻尔描述的那样。一个电子波跑上跑下并位于某个地方,这是电子处于本身的粒子形态。然而,我们不能说出粒子的确切位置。在某一点上可以说它在沿着波的某处。波的振幅告诉我们在任何给定的时刻,它碰巧在那里出现的概率,但它不**一定**在那里。这样,概率和不确定性就成了量子力学的特征——确实,宇宙似乎就是这样的。

由于与量子理论有关的一些事情总是与日常生活中人们习以为常的一些事情相去甚远,这恐怕就是科学家们所说的"量子的离奇性"。有关量子的一些方面看上去总有些似是而非,因此,科学家们也无法简单地同意所有这些说法。也许有一天,一些新的发现、新的概念、新的思想会澄清那些当今人们认为非常不可思议的事情。

我们知道,科学的游戏是永远不会停止的。任何时候,老的问题解决了,新的问题又会出现;但是又有谁会愿意再从任何其他角度来考虑老问题呢?如果所有问题都解决了,游戏就会停止。根据我的观点,生命不能提供任何其他东西,来弥补智力上的损失。

第五章

同 位 素

核　能

掌握原子中电子分布的详细情况在一定程度上来讲还是比较简单的问题。到目前为止,所有已经发现的电子,无论它们是存在于这种或那种原子中,还是独立存在,都是相同的,相互之间没有差别。原子之间的差别在于它们拥有电子的数目,而不是电子的类型。

那么原子核的情况又是怎样的呢?不同的原子其质量和所带电荷都是不同的。每种不同元素的核是否都是不同类型的单个粒子呢?或者说它们是否还有内部结构呢?它们是否由不同数量的更简单的粒子组成,而所有元素的所有核中的更简单的粒子是否都相同呢?此外,我们事实上是否有望对这些问题得出答案呢?毕竟核是位于原子正中心的微小物体,有时候还隐藏在一层又一层的电子后面。那么,我们怎样才能接近并研究它们呢?

在证明原子核存在的 15 年前,放射性的发现首先暗示了有关核的结构。这时,人们立刻会很自然地想到一个与放射性有关的问题,即所有这些能量可能会来自何处。铀似乎会不停地放射出 α 射线和 β 射线。α射线是氦核流，β射线则是电子流。所有这些粒子都以高速运动，α粒子的速度约为1/10光速，而β粒子约为9/10光速。使它们从静止启动到高速运动需要相当大的能量。（毕竟，铀原子开始时没有在运动。）此外，铀也会放射出γ射线，它的能量甚至远远高于X射线。

铀的辐射不仅仅是能量的短暂迸发。一块铀金属样品，会以明显不变的速率无限制地连续产生辐射，这是一个很严重的问题。根据能量守恒定律，能量似乎不可能凭空产生，而**看起来**也没有任何与放射性有关的东西可以产生能量。

当然，也许能量守恒定律是错的，也许它只限于某些特定情况。然而，科学家们发现，这个定律对那些他们不愿意放弃的科学的各个方面都是很有用的。人们有一种确定无疑的感觉，即一定能找到一种对放射性的解释，而**不需要**放弃能量守恒定律；必须把放弃该定律作为仅有的解决问题的最后手段。（这是科学家们理智的保守主义的一个例子。一种理论或定律，当它已经一次又一次地得到证明时，就不应该轻易将它放弃。如果已经到了别无选择的地步，那么就应该也必须将它放弃，但是你必须确认确实已经别无选择。）

就在发现放射性之后的几年里，情况急转直下。玛丽·居里和她的丈夫皮埃尔·居里（Pierre Curie，1859—1906）开始对一种含铀的矿石，即沥青铀矿进行研究，他们想从中获取供研究用的纯铀样品。使他们感到惊讶的是，他们发现沥青铀矿的放射性甚至比纯铀的放射性还要强。显然，这些沥青铀矿中可能还含有放射性比铀更强的其他元素。由于用普通的分析方法无法观察到这些元素的任何痕迹，因此这些元素存在的量必定非常小，而如果这样的话，它们一定具有**很强的**放射性。

1898年，居里夫妇经过一段漫长、枯燥而又艰苦的工作，终于从数以吨计的沥青铀矿石中提炼出一小撮放射性粉末——居里夫妇分离出了两种元素：钋［polonium，以玛丽·居里的祖国波兰（Poland）命名］和镭

[radium，以其放射性（radioactivity）命名]。这两种元素的放射性都远强于铀。

如果你对铀能放出能量感到奇怪，那么你肯定会觉得镭不知有多奇怪，因为它放出能量的速度约为铀的300万倍。1901年，皮埃尔·居里测出了镭放出的能量，他发现，1克镭每小时放出的能量达到140卡（约586焦）。对它本身来说这不算多，但是，它会1小时接1小时无限地继续下去。那么，所有这些能量都是从哪里来的呢？

一些科学家想知道放射性原子是否真的不可能从周围环境中吸收能量并将它们转化成辐射能。然而，这种假说会违背热力学第二定律，科学家们也不愿这样，就像他们不愿违背第一定律（能量守恒）一样。

1903年，卢瑟福提出在所有原子的结构内部都拥有大量的能量。通常，这种能量从不放出，因此，人们并未意识到它的存在。然而，放射性却是这种能量少量的自发释放。尽管这只是一种大胆的设想，但它抓住了公众的想象，人们开始谈论原子能，并把它看成一种比以往人们熟知的能量形式更新而且更加集中的能量形式。[英国作家威尔斯（H. G. Wells）甚至写出了《原子弹》这部科幻小说，比原子弹真正出现足足早了40年。]

卢瑟福提出的设想仍像从礼帽中拖出一只兔子一样。只是说原子包含能量还不能用来解释任何现象。然而，1905年，爱因斯坦令人信服地指出，质量是一种非常集中的能量形式。如果将放射性物质的质量（即便是一小部分质量）转换成能量，那么以放射性形式放出的所有能量就很容易解释了。

一旦人们发现了核型原子，问题就变得很清楚了，因为原子的几乎全部质量都集中在核中，必不可少的质量损失必定发生在那里。因此，放射性的能量源必然位于核的内部。最终，人们开始称其为核能而不是原子能了。

核的种类

如果说放射性的能量源于原子核的质量损失,那么核会发生什么样的变化呢?最初的答案出现在人们知道原子核是能量的源泉之前,或者说甚至还根本不知道原子核的存在。(这种情况是常常会发生的,那就是甚至在一个能对某一科学领域提供规则和理由的综合理论创立之前,一些科学的观测结果也能对某个问题提供最初的答案。这种早期的观测结果往往难于理解,而且没有理论,知识进展得也很慢。一旦创立了理论,较早的观测结果会迅速得以解释。科学也会取得迅速进展,直至由于对另外一些科学领域缺乏更深刻更广泛的理解,这时科学发展的速度又会变慢。)

1900年,克鲁克斯在对金属铀进行研究时,决定尽可能地提高其纯度,在对其进行化学处理的过程中,分离出了明显的杂质。使他感到惊讶的是,他发现,经过提纯的铀几乎没有放射性,而杂质则具有明显的放射性。他提出,不是铀具有放射性,而是存在于铀中的一些像是杂质的其他物质具有放射性。

然而,铀的放射性的发现者贝克勒耳还不想轻易放弃他的观点。(科学家们常常把他们的发现当作自己的孩子,并且会竭尽全力地保护它们,抵御任何要将它们彻底消灭的企图。这是人之常情,哪怕有时后来证明这是错误的。然而,在这种情况下,贝克勒耳经证明还是正确的。)贝克勒耳指出,当铀按照克鲁克斯的方式提纯时,确实还显示出较弱的放射性,但是,如果让这种经过提纯的铀保持这种状态,经过一段时间后它会恢复其放射性。

1902年,卢瑟福和他的一位同事、英国化学家索迪(Frederick Soddy,1877—1956)指出,钍也存在上述现象。如果这种金属被提纯,它将失去大部分放射性,但是,持续一段时间后又会重新恢复。因此,卢瑟福和索迪指出,当一个铀原子放出放射性辐射时,它的性质就会发生变化,它会变成另一种放射性更强的元素的一个原子。这个新的放射性元素也还会再变。铀本身的放射性并不是很强,但它的子元素却很强。当铀被提纯时,会使子元素和它们的放射性被除去,铀的放射性似乎比原来要弱得多,但是它又会慢慢形成另外的子元素,而它的放射性也在恢复,最终会变得和原来一样。正在经历放射性作用的原子,似乎正发生着某些事情,我们可以把这种现象说成是放射性蜕变。

结果表明,这是一种正确的观点。铀和钍这两种元素都能蜕变成其他元素,它们一步一步地蜕变,直至最终变成没有放射性的元素。这样,人们就有了一个放射系。从此,科学家们就开始寻找这些存在于正在蜕变的铀和钍中的中间元素。最早由居里夫妇发现的钋和镭就是其中的两种——还有一些其他元素。后来人们又发现,铀和钍在经历了许许多多次的变化之后,最终会变成不具有放射性的铅。

放射性蜕变概念的出现,使科学家们就像遭受了一次电击。毕竟从留基伯和德谟克利特时代以来,人们一直假设原子是不可变的——但那仅仅是假设而已。可以肯定,在涉及化学变化的范畴内,原子是不可变的,但是放射性不是一种化学变化。化学变化只涉及原子的最外层电子。化学变化的结果是原子可能获得电荷,或者与其他原子相结合,而它的取决于核的基本特性却保持原封不动。然而,放射性确实涉及核。它是一种核变化。如果核在发生变化,那么在这种变化过程中,一种原子很有可能会变成另一种原子。

(就像这种观点的改变,并不意味着所有的化学课本要被撕掉或扔掉,好像它们涉及的所有资料如今都毫无价值了。新的观点只是知识的拓宽和延伸,提供了更加全面、更加有用的解释。因此,20世纪的教科书中必须考虑核变化的存在,但是,如果他们愿意的话,仍可讨论**化**

学变化,就像以前一样,把原子当作不可变的——事实上在涉及化学变化的范畴内它们的确是这样的。)

对铀和铅之间以及钍和铅之间的放射性中间产物的探索是成功的——确实是太成功了。由此获得了太多太多的发现。

铀的原子序数为92,而钍为90。铅的原子序数为82,另一个已知元素铋的原子序数为83。作为尚未发现的位于周期表末端的元素,它们的序数被定为84、85、86、87、88、89和91。这7个元素中,除去新发现的元素钋(84)和镭(88),还剩5个。因此,在铀和铅之间尚需发现的元素不会超过5个。一个也不会多!在1914年莫塞莱完成他的研究工作后,这一结论已十分肯定。

到莫塞莱那个时代,人们已经发现了30多种中间元素。这些元素中的每一种都有明显差别,至少它们的放射性特征是不同的。在它们当中,有些放射出α粒子,有些放射出β粒子。有些放出γ射线,其中有的还伴随有α粒子或β粒子,而有的则没有。即使两种中间元素都放射出α粒子,可以说,其中一种具有的能量比另一种大,速率也更大。

索迪解决了这个问题。早在1912年和1913年,原子序数概念出现之前,他就已经发现,某些特定的中间元素具有相同的化学性质,如果将它们混合在一起,用普通的化学方法是不能将它们分开的。它们是相同的元素,意思是(就像人们后来才知道的)它们的电子结构是相同的,而它们的核所带的正电荷也一样。然而,由于它们的放射性特征不同,所以肯定是在核的其他某些方面,而不是在电荷方面不同。

周期表是以元素的化学性质为基础的。根据这一点,如果两种不同的原子具有相同的化学性质,而仅仅在放射性特征上有所不同,那么它们就是相同的元素(在化学上),必须都要放在周期表的同一位置。

1913年,索迪宣布了他的这一发现,并把这些不同类型的原子——它们是相同的元素并位于周期表的同一个位置——称为**同位素**(isotopes，该词源自希腊语中意为"相同的位置"一词）。为此他获得了1921年的诺贝尔奖。

这还是对长期持有的原子观念的又一次冲击。留基伯、德谟克利特和道尔顿都曾假定，某一特定元素的所有原子都是相同的。迄今为止，好像还不存在与之相反的观察结果。研究放射性中间产物的科学家们发现，一种元素有多达5或6种变体，每种都有不同的放射性特征。

1914年，在原子序数概念清晰以后，人们就有可能理解一种类型的原子变成另一种类型原子的详细情况。这样，铀原子具有一个原子量为238的核，其原子序数为92。我们称它为U-238。然而，在其放射性转变过程中，它会放出α粒子，该粒子的原子量为4，原子序数为2。这时，必须从铀核的原子量和原子序数中减去α粒子的原子量和原子序数。那么，剩下的就是一个原子量为234，原子序数为90的核。（当α粒子被放射出来时，往往会使放射α粒子的核的原子量减少4，原子序数减少2。）

当克鲁克斯发现铀核的这种蜕变时，他把这种产物称为铀X，因为当时他对这种产物究竟是什么还一无所知，只是将其作为一种称呼。而现在，与那些冷冰冰的数字的改变相对应，人们可以看到这种新的原子是钍，其所有原子的原子序数均为90。

通常，人们熟悉的钍的原子量为232，因此，它是Th-232。铀蜕变产物的原子量为234，因此它是Th-234。这就是一种元素具有两种同位素的例子。这两种同位素的原子序数均为90，因此它们的核电荷均为 +90。然而，它们的质量不同，Th-234的质量比Th-232大2个单位。

那么，这真的造成了差别吗？从化学上来讲，没有。Th-232和Th-234的核电荷均为 +90，原子中都有90个电子，而且在每种情况下都以相同的方式排列，因此，所有的化学性质都相同。但是，从放射性的角度来看，两者是有差别的。钍232是我们可以在矿石中发现的普通钍，它放射出α粒子，而钍234是铀蜕变的产物，它放射出β粒子。此外，钍

234原子的蜕变速度约是钍232原子的2000亿倍,这是很明显的差别。

另外钍还有其他一些同位素,它们以一个或另一个放射系的一部分出现。它们包括Th-227、Th-228、Th-229、Th-230和Th-231,都以各种方式并以不同速率蜕变,而且都比Th-232要快得多。现在让我们回到钍234,因为它放出β粒子。结果它发生变化了吗?

β粒子是一个电子,它带一个负电荷,所以可以认为它的原子序数为-1。它的质量为氢原子的1/1837,约为0.000 54。这个数字实在太小了,即使我们把它当作0也不会产生太大的错误。这就意味着,如果核放射出一个β粒子,就得从核的原子量中减去0——也就是说没有变化。我们还必须从核的原子序数中减去-1,减去-1也就等于加上+1,因此原子序数要**增加**1。这样,原子序数为90、原子量为234的Th234核,放出一个β粒子后,会变为原子序数为91、原子量为234的核。原子序数为91的元素是镤,它是德国化学家哈恩(Otto Hahn,1879—1968)和他的同事、奥地利化学家迈特纳(Lise Meitner,1878—1968)于1917年首先分离并鉴别出来的。这样,我们就知道了,是Th-234变成了Pa-234。

原子核放射出γ射线不会使核产生变化。因为γ射线不带电荷,它的原子序数为0;又因为它没有质量,它的原子量也为0。因此,一个核若放出γ射线,它只会失去能量。

一旦科学家们知道了每种放射性辐射是如何改变原子核的,他们就能确定一个放射系中所有中间产物的确切身份。

同位素概念保持了周期表的完整性。一旦原子序数确定以后,周期表的每个位置只能包含一种类型的原子。同位素只是原子量不同,不影响相关的化学性质。有关核结构和核特性的内容我们将在以后讨论。

半 衰 期

放射系中的各种中间产物蜕变得非常快。如果对这些中间产物中的一种进行定量观测,你会发现蜕变的数量是随着时间的增加而减少的。原因显而易见。随着原子的蜕变,可供蜕变的各类原始物质愈来愈少,能够观测到的进一步蜕变也愈来愈少了。

蜕变速率下降的方式正好是化学家们熟悉的许多化学反应中预期会发生的一些情况。这就是人们所说的一级反应。这就是说,每个特定种类的放射性原子都有一个确定的蜕变机会,这个机会不随时间而改变。在某一天,它也许会有一半的蜕变机会,但是,如果过了100天它仍未蜕变,在第101天,它仍然只有一半的蜕变机会。(这与人们掷硬币时的情况相似。你有一半的机会掷出正面。如果你已经掷了100次,每次都是反面,在掷第101次时,你掷出正面的机会仍然只有一半——当然,前提是那枚硬币没被动过手脚。人们往往会错误地认为,一个人掷出背面的次数愈多,下一次掷出正面的机会就会愈大。)

你不能说出某个原子何时会蜕变,但如果你面对的是许许多多的原子,你却可以计算出1天内或1分钟内有多少个原子会蜕变。你无法知道**哪些**原子会蜕变,但你能知道有多少会蜕变。这就像统计学家能预测出一个周末可能会有多少个汽车驾驶员丧命一样,即使他们不可能说出哪些驾驶员会死。

这就意味着你可以计算出占总数一半的原子发生蜕变需要多长时间。结果表明,就一级反应来说,无论原子数量有多少,要使一半的原子发生蜕变,所需的时间都是相同的。因此,假如开始时你用120克给定的同位素进行试验,用了1年时间使其中的一半蜕变,那么,要使剩下的这一半的一半蜕变也还需要1年时间。换句话说,开始时你有120

克,1年后还剩60克,2年后还剩30克,3年后还剩15克,4年后就只剩7.5克了,以此类推。理论上永远也不会达到0,但最终总会只剩下1个原子的,再经过一段无法预测的时间后,它也会蜕变,你的放射性同位素将会全部消失。

在许多情况下,科学家能计算出单位时间内放射出的α粒子或β粒子的确切数字。根据这些数字减少的情况,他们能计算出一半的同位素蜕变所需的时间。(科学家们已经研究出了探测单个α粒子和β粒子的各种方法,但在本书中仅在必要时才会论及这些装置。我讲的重点是概念和原理。)

因此,镤同位素是由铀蜕变产生的,Pa234会在大约70秒内失去其一半原子。这就是它的半衰期,该术语是卢瑟福于1904年引入的。

事实上,如果镤234完全单独存在的话,即使一开始量就很大,不用很长时间就会全部蜕变。如果整个地球全部是由镤234组成的,而且假设原子会平稳地蜕变,那么如此巨量的镤234也会在大约3个小时内全部蜕变。(事实上,这一过程产生的如此巨大的能量会使地球像一个巨型炸弹一样发生爆炸。)

然而,地球的土壤中确实还存在着镤234,而且能够分离出非常少量的镤234。为什么它没有**全部**蜕变呢?答案是:所有在地球形成时存在的这种原子,会在几分钟之后就全部蜕变了;然而,更多的镤234却会不断地从铀中产生。

另有一些同位素,其半衰期比较长。如镭226(居里夫妇从沥青铀矿中分离出来的同位素),它会放出α粒子,其半衰期相当长,因此在较短的一段时间内,因其蜕变速率下降较慢而不易察觉。然而,经过一段足够长的时间后,就能探测出这种下降,结果表明其半衰期为1620年。但是,即便是这么长的时间也不足以使镭存在的时间能与地球的寿命一样长。镭之所以还存在,只是因为它会不断地从铀中产生。

由于铀的蜕变速率非常慢,因此生成镭的速率也非常慢。镭的蜕变像它的生成一样,一开始由于存在的数量太少,蜕变得非常慢。然而,随着镭愈积愈多,它的蜕变也愈来愈快(一级反应的特点),最终,蜕变的速率与生成的速率相同,即达到放射性平衡。

由此可以得出结论:任何含铀的材料中也会含镭,但由于镭的半衰期较短,因此镭的含量要比铀的含量低得多。甚至可以说铀并不直接产生出镭,而只是通过几个其他的中间过程生成镭。

碰巧,铀矿石中铀的浓度是镭的 2 780 000 倍,因此铀 238 的半衰期也应是镭 226 的 2 780 000 倍。这就是说,铀 238 的半衰期大约是 45.1 亿年。

这就是地球上还存在原生铀的原因。地球大约是 46 亿年以前开始形成的,开始时它的成分中含有一定数量的铀。在这段漫长的时间中,只有大约一半的原生铀发生了蜕变,另一半仍然存在。在剩下的那一半铀中,尚需再经过 45.1 亿年才会有一半发生蜕变。由于铀已经经历了这么长的时间,因此其蜕变的中间产物也同样存在着,当然,尽管从数量上来讲要比铀少得多。

钍 232 的半衰期甚至比铀还要长——139 亿年。因此,地球上只有 1/5 的原生钍有机会蜕变。

铀的同位素铀 235 是由美籍加拿大物理学家登普斯特(Arthur Jeffrey Dempster, 1886—1950)于 1935 年发现的。它不像铀 238 或钍 232 那样有那么长的寿命。铀 235 的半衰期仅为 7.1 亿年。但这还是够长的了,地球形成时存在的原生铀 235 至今仍有略多于 1/70 还存在着。

稳定核的种类

索迪发现的同位素只包括放射性原子,然而他的发现也立刻引起了人们对非放射性原子的猜测。早在1905年，美国化学家博尔特伍德（Bertram Borden Boltwood，1870—1927）就注意到铀矿中似乎总含有铅，他想知道铅是否也并非放射性蜕变的最终产物。随着研究工作的不断深入，情况就变得明朗了。这就是说，尽管铅是非放射性元素，它还是与放射性紧密相关的。

通常，放射性原子改变其原子量的一种方法是放出α粒子。β粒子对原子量的影响不大，而γ射线则根本没有影响。每放出一个α粒子，原子量就减少4。这就意味着，如果原生的放射性原子，其原子量能被4整除，那么它的所有中间产物都毫无例外地具有能被4整除的原子量——就像最终生成的铅原子那样。钍232，这个仅有的长寿命钍同位素，也具有能被4整除的原子量（232=58×4）。随着其蜕变的进行，它总共会失去总原子量为24的6个α粒子，剩下的核的原子量为208。失去这6个α粒子也会使钍232总共失去12个正电荷；然而，放出4个β粒子会恢复4个正电荷。这样，净失去的正电荷为8。

钍的原子序数为90，失去8个正电荷会产生原子序数为82的原子，它就是铅。考虑到失去的原子量为24，因此你可以看到，钍232蜕变的最终产物是铅208，它不是放射性的，而是稳定的。因而，地球上总是，而且也总会存在一定数量的铅208。

好了，现在我们再来看看铀238。它的原子量除以4时余数为2（238=59×4 + 2）。如果它也通过放出α粒子损失原子量，那么它所有的中间产物和最终产物具有的原子量除以4时也会余2。每个铀238原子蜕变时会失去8个α粒子和6个β粒子，最终生成铅206。

最后是铀235，它的原子量除以4时余数为3（235=58×4 + 3），它的所有中间产物和最终产物也一样。每个铀235原子蜕变时会放出7个α粒子和4个β粒子，最终生成铅207。（还有第4类原子，这类原子的原子量除以4时余数为1，我们以后再对它进行讨论。）

现在我们有了3种不同的铅同位素：铅206、铅207和铅208。它们都是稳定的，并具有铅的常见性质。那么，如果它们中间有一种其性质与放射性无关，应该是哪一种呢？

假定我们从铅的原子量的角度加以考虑。在自然界中发现的、存在于肯定不具有放射性的矿石中的铅，其原子量为207.19。这中间各种稳定的同位素总是以一个固定的比例出现，那么这个数字会不会只是一个平均原子量呢？（因为所有不同的地质变化过程都取决于各种矿石的化学性质，人们可以根据化学性质来区分不同的元素，但却不能用来区分同位素，因而始终只能让这些同位素按相同的比例完全混合在一起。）

现在让我们来测试一下这个比例。假如你有一块富含铀的矿石。除了矿石中原来已存在的铅以外，你会发现铅206和铅207的量会恒定而缓慢地增加，使得在这一矿石中测出的铅的原子量比非放射性矿石中测出的铅的原子量小。富含钍的矿石中铅208的含量会稳定而缓慢地增加，使其中所含铅的原子量比非放射性矿石中所含铅的原子量大。

1914年，理查兹从各种不同的放射性矿石中测出了铅的原子量。他发现，钍矿石中铅的原子量高达207.9，而铀矿石中则只有206.01。

就在这一年，原子序数已经替代了原子量成为周期表的基础，人们突然开始明白，原来原子量根本不是基础。它们也许仅仅是同位素重量（质量数）的平均值，而原子序数可能要有意义得多。

当然，铅同位素是通过放射性蜕变得到的，也许这只是一种特殊情况。那些与放射性没有任何关系的元素又会是什么样的呢？即便是在理查兹的发现确切证明铅同位素的存在之前，对这一点已经存在暗示了。

假定我们来研究正射线，它们是带正电荷的原子流，拥有的电子数比正常情况少。（有时正射线不含电子，仅由裸核组成。）如果将这些正射线粒子放入电磁场中,它们的运动轨迹就会偏离其正常运动时的直线轨迹。偏转的程度取决于粒子所带电荷和它们的质量。如果我们研究的元素其原子被移去相同的电子数,那么组成射线的所有粒子都具有相同的正电荷。因此,如果我们看到射线轨迹的曲率有任何偏差,那肯定是由于粒子的质量不同造成的——也就是原子量的不同而造成的。

假设在一个装有氖气的管子中,所有氖原子都带有相同的正电荷,而且所有的原子都具有相同的原子量(自从原子理论创立以来这种说法一直是被公认的),那么它们均会沿着相同的轨迹偏转。如果在高速粒子经过的途中放置一张照相底片,则它们全都会撞击在底片的同一个地方,形成一个模糊的小点。

1912年,J·J·汤姆孙进行了这样的实验,他发现,氖离子确实在底片预计的位置附近形成了模糊的小点;然而,在非常靠近该点的位置还存在第二个很不明显的小点。这第二个点所在的位置应该是原子量为22的原子预期所在的位置。没有一种预期的原子会具有这个原子量。不过J·J·汤姆孙提出,如果每10个氖原子中,有9个的质量为20,有1个为22,那么其平均值为20.2,这与测出的地球上存在的氖的原子量很接近。换句话说,氖这种与放射性过程完全无关的原子可能是由两种同位素组成的:氖20和氖22。这种可能性突然打开了一种全新的核结构观。

就在原子理论尚处于早期的1815年,英国化学家普劳特(William Prout,1785—1850)就已经提出(由于这种想法对他来讲也太出格了,以至于他不敢将它与自己的名字搭上关系,所以这种观点是匿名提出的),所有原子都是由氢原子组成的。原子量就是这样确定的,而且好像都是整数。也就是说,氢是1,碳是12,氧是16,硫是32等等。普劳特提出,碳原子是由12个氢原子紧密相连而成的,氧原子由16个氢原子组成,硫原子由32个氢原子组成,以此类推。

　　这种提法在作者的身份被查明之后就被称为普劳特假说。然而,由于人们能愈来愈精确地确定原子量,结果发现它们根本不是整数或接近整数,所以这种假说始终未被确立。例如,氯的原子量是35.456,铜是63.54,铁是55.85,镁是24.31,汞是200.59,等等。

　　如果普劳特的假说是事实,那将使原子理论非常非常完美,因为它既简单又明了。然而,实际的观测结果已经使这个假说被放弃了整整一个世纪。现在这个问题又突然成了要考虑的首要问题。

　　如果所有不是整数的原子量都是各种不同同位素质量数的简单平均值——质量数确是整数,那结果又将如何呢?如果真是这样,原子量也许只在进行化学计算时有用,而在考虑核结构时有用的恐怕是同位素的质量数了。

　　1919年,J·J·汤姆孙的一个学生、英国化学家阿斯顿(Francis William Aston,1877—1945)发明了一种仪器,他把它称为质谱仪。这种仪器能使具有相同电荷和质量的带电离子,在照相底片上形成一条很细的线。用这种方法,可将出现的同位素变成许多间距很近的可见的暗线。根据每根线所在的位置,可以计算出每种同位素的质量数,线的明暗程度则表示该同位素的相对含量。这些结果与J·J·汤姆孙用其不太完善的仪器测得的那些结果相比就精确多了。

　　采用这种质谱仪就能清晰地探测到氖20和氖22对应的线条——最终还看到了一条暗淡的对应于氖21的线。现在我们已经知道,每1000个氖原子中,有大约909个是氖20,88个是氖22,并有3个是氖21。这三种同位素都是稳定的,按照氖的给定的三种同位素的质量数得出的平均值恰好与自然界中发现的氖的原子量值相同,即其原子量为20.18。阿斯顿因使用他发明的质谱仪取得上述研究成果而荣获了1922年的诺贝尔奖。

当然,通过对其他一些元素的试验,人们发现它们大多数都由几种同位素组成。例如,氯由两种同位素组成:氯35和氯37。每1000个氯原子中有755个是氯35,有245个是氯37,它们的质量数的平均值恰好等于存在于自然界中的氯的原子量。(这个平均值并不**完全**符合测得的原子量,因为正如我们将要看到的那样,质量数也并非**完全**是整数。)

有时候一种同位素会以压倒多数出现。例如,每1000个碳原子中,有989个是碳12,只有11个是碳13。每1000个氮原子中,有996个是氮14,只有4个是氮15。每1000个氢原子中,有999个是氢1,只有1个是氢2。每100万个氦原子中,除了1个之外几乎全部是氦4,剩下的那个是氦3。在上述这些情况下,原子量接近整数。

1919年,美国化学家吉奥克(William Francis Giauque,1895—1982)发现,每10 000个氧原子中,有9976个是氧16,20个是氧18,4个是氧17。这一发现的重要意义在于从柏齐力乌斯的时代起,氧一直被当作原子量的标准,它的原子量被定为精确等于16.0000。但是,现在我们知道这仅仅是一个平均值,不同的样品之间可能会有微小的变化。因此,1961年,物理学家和化学家正式同意,将原子质量数定为标准,而不再以元素原子量作为标准。碳12的质量数被定为12.0000,这使老的原子量只发生了很微小的变化。例如,氧的原子量不再是16.0000,而是15.9994。

有些原子在自然界中只以一种类型出现。因此,自然界中所有的氟原子,其质量数均为19,所有的钠原子均为23,所有的铝原子均为27,所有的钴原子均为59,所有的金原子均为197,等等。对于这些情况,许多物理学家都相信,**同位素**这个词对它们不适用。同位素的意思是指周期表的同一格中至少有两种不同类型的原子。说一种元素具有一个同位素就像是说一对父母有一对双胞胎子女一样。因此,1947年,美国化学家科曼(Truman Paul Kohman,1916—2010)提出用**核素**这个术语来代替同位素。这是一个非常好的术语,但是,由于同位素这个术语的地位已经根深蒂固,以至于无法被取代了。

至少具有一种稳定同位素的元素共有81种。这些元素中要算原子序数为83的铋最为复杂了,其所有原子的质量数均为209,因此最重的稳定原子便是铋209。

原子序数大于83或原子量大于209的原子都不是稳定原子。地球上存在的较重的原子只有铀238、铀235* 和钍232,虽然它们为放射性原子,但都具有很长的寿命。

分布在81种元素中的稳定同位素的总数为272种,如果平均分配的话每种元素都会有3或4种同位素。当然,它们并非平均分配的。原子序数为偶数的元素具有的同位素数量通常大于平均数。如原子序数为50的锡,具有创纪录的10种稳定同位素,它们的质量数分别为:112、114、115、116、117、118、119、120、122和124。

原子序数为奇数的元素通常只具有1或2种稳定同位素。有19种元素(除了一种以外,全都是原子序数为奇数的元素)是由单个稳定同位素组成的。唯一例外的元素就是原子序数为偶数的铍(原子序数为4),它也具有单个稳定同位素铍9。

你也许会感到纳闷,如果说原子序数为82(铅)和83(铋)的元素都具有同位素的话,为什么只有81种元素具有稳定同位素呢?显然,在元素周期表中1至83之间必定有2种元素不具有同位素,事实就是如此。原子序数为43和61的元素(两者的原子序数均为奇数)都没有任何稳定或接近稳定的同位素。20世纪20年代,经过许多人的努力寻找,偶尔会有人报告说已从某种矿石中将它们分离出来了,但所有这些报告最终都被证明是错误的。直至科学家们掌握了在实验室中生成地球本身几乎不存在的核之前,这两种元素都没有被真正分离出来。(这

---

* 原文为铀232,有误。——译者

方面的内容我们将在后面讨论。)

另一种特殊物质是钾(原子序数为19),它是自然界中唯一原子序数为奇数而拥有2种以上同位素的元素。它有3种同位素,质量数分别为39、40和41。这3种同位素中,钾40在每10 000个钾原子中只占1个。

早在1912年,哈恩就已经指出,钾似乎具有弱放射性,最终人们发现这仅限于钾40。钾40的寿命很长,其半衰期为13亿年,比铀235还长。地球上最初形成的钾40如今只剩下不到1/10。然而,由于钾是一种在地球的矿石中存在非常普遍的元素,即使每10 000个钾原子中只有一个是钾40,存在于矿石中的钾40也比铀238和铀235加起来的总和还要多。

如果真是这样,那么为什么没有在发现铀的放射性之前先发现钾的放射性呢?答案是这样的:首先,铀放出的是高能α粒子,而钾40放出的只是微弱得多的β粒子。其次,铀的蜕变会产生一系列的中间产物,其中每一种中间产物的放射性都比铀本身强。而另一方面,钾40却直接蜕变成一种稳定同位素氩40。

在那些我们已经列出的稳定同位素中,钾40并非唯一接近稳定的同位素。另外还有大约12种其他类似的同位素,其半衰期都比钾40长得多,甚至比钍232更长。由于它们的寿命太长,因此只能勉强测出它们的放射性。例如,钒50的半衰期约为$6×10^{14}$年,相当于铀238的130 000倍;钕154的半衰期约为$5×10^{15}$年,等等。这些原子序数小于钍(90)的接近稳定的同位素,没有一种会生成一系列的蜕变产物。所有这些同位素,除了一种以外,全都放出一个β粒子并变成稳定同位素。这个例外就是钐147,它放出一个α粒子并变成稳定的钕143。

同位素的质量数都非常接近整数这一事实很容易使人想到核是由更小的粒子组成的(就像普劳特提出的那样),在核内也许只能发现很少几种不同的粒子。用这种方法来简化自然界的前景是非常诱人的。在20世纪20年代,物理学家一直在致力于揭开原子核结构的秘密。

第六章

中 子

质子和电子

对简单性的追求并非促使物理学家对核结构领域进行研究的唯一动力。根据对放射性材料的实际观测,似乎很显然,至少有些核是**必须**具有某种结构的,即它们是由更简单的粒子集聚而成的。例如,有些放射性核放出 β 粒子(电子),另一些则放出 α 粒子(氦核)。对于这些放射现象最简单的解释就是:核内部本身就含有更简单的核和电子,而它们由于某些原因偶然会被释放出来。

如果我们确信有些核是由更小的核加上电子组成的,那么很容易就能进一步推断出,所有的核也许都具有这种结构。为了使问题更加简单,我们还可以假设,如果核是由更简单的核组成的话,那么应该由尽可能简单的核组成。

人们已知的最简单的核是氢 1 的核,其质量数为 1,所带电荷为 + 1。卢瑟福曾经把氢 1 的核称为质子。在 20 世纪 20 年代,存在着一种普遍的看法,即认为质子是能够带一个正电荷的最小和最简单的粒子。后来,便出现了这样的理论,即原子核也许由质子和电子组成,它们一起被挤压在一个微小的体积内。

从某些放射性原子中放出的α粒子，其质量数为4，因此它可能由4个质子组成，每个质子的质量数均为1。但是，α粒子还带有2个正电荷，而4个质子所带的总电荷为+4。那么看来在α粒子中，除了4个质子外必定还有2个电子，用来抵消2个正电荷，同时又没有增加什么质量。一个拥有4个质子、2个电子的α粒子就像人们观测到的那样，其质量数为4，所带电荷为+2。

对于其他的核，也能得出类似的结果。这还可以用以解释同位素。例如：氧16的核，其质量数为16，所带电荷为+8，因此，它应由16个质子和8个电子组成。氧17的核可以被看作增加了一个质子—电子对，因而质量数增加1而所带电荷不变。总共17个质子和9个电子使得其质量数为17而所带电荷为+8。同样，氧18的核可以被看作又增加了一个质子—电子对*，因而它由18个质子和10个电子组成，其质量数为18，所带电荷为+8。

没过多久，物理学家们便成功地运用了这种核结构的质子—电子理论，主要是因为它让宇宙变得非常简单。按照这种理论，宇宙中的所有物体都是由大约100种原子组成的。根据这种观点，每个原子由数量相等的两种类型的亚原子粒子，即质子和电子组成。所有质子均位于核中，而有些电子位于核中，其他电子则环绕在核的周围。

此外，整个宇宙似乎是通过两个场结合在一起的。核是通过质子与电子之间的电磁吸引结合在一起的；原子作为一个整体是通过核与电子之间的电磁吸引结合在一起的。各种不同原子的结合则形成了分子、晶体或者像行星那样大的实体，它们是通过电子从一个原子转移至另一个原子，或通过共享电子结合而成的。那么，有没有不是通过电磁场结合成一体的物质呢？当然有。

---

* 原文为质子—中子对，有误。——译者

气体分子是散布的,相互之间离得较远,只能受到很微弱的电磁力。但是,如果它们仅仅受到这一种力的作用,分子会消散并散布到浩瀚的宇宙空间。气体还会受到其他某些东西的影响而聚集成一个庞大的物体,影响它的就是引力。这就是我们周围的大气能围绕着地球的原因。

然而,引力场是非常弱的,以至于需要一个非常大的物体才能拉住气体。例如,地球上的低沸点液体总有蒸发的趋势,如果引力不够强的话,它们的分子就会逃逸进空间。正因为有地球引力的吸引,我们才能拥有海洋,而月亮就因为不够大,表面上不能存在自由水。

在空间相隔很远距离的物体还能通过引力场结合在一起,如卫星与行星、行星与恒星、恒星相互结合在一起组成的星系、星系相互结合在一起组成的星系团。宇宙作为一个整体,确实是依靠引力结合在一起的。

除此之外,电磁场与光子的辐射有关,引力场与引力子的辐射有关,可见整个宇宙似乎是由四种粒子组成的,它们是质子、电子、光子和引力子。质子的质量数为1,电荷为+1,自旋为+1/2或-1/2。电子的质量数为0.000 55,电荷为-1,自旋为+1/2或-1/2。光子的质量数为0,电荷为0,自旋为+1或-1。引力子的质量数为0,电荷为0,自旋为+2或-2。

这是多么简单啊!甚至比古希腊时代适用于地球的四元素和属于天体的第五元素观念还要简单。事实上,宇宙再也没有像20世纪20年代的那几年里看上去的那么简单。

实际上那只是一种想使问题变得更简单的伟大尝试而已。为什么应该是两个场:电磁场和引力场呢?难道不会是同一现象的两个方面吗?难道不会是一组方程式说明了两种情况吗?

可以肯定,电磁场和引力场似乎截然不同。电磁场仅涉及带电的粒子,而引力场则涉及所有具有质量的粒子,无论其带电还是不带电。电磁场涉及吸引力和斥力,而引力场只涉及吸引力。对于一对给定的粒子而言,电磁场和引力场两者都对其有作用,但电磁场的强度却是引力场的数万亿亿亿倍。因此,我们在研究一个质子—电子对时,只需考虑两者之间的电磁吸引力;相比之下,引力的作用微不足道。

虽然如此,这种差别不会成为统一的障碍。首先,磁、电和光从表面上看是三种差别很大的现象,而麦克斯韦发现了一组方程式,可以包括全部这三者,显示出它们是同一现象的不同方面。

恰恰是爱因斯坦,花费了他生命中的最后几十年的时间,在其被称为统一场论的理论体系中,试图找到也包含引力场的更加基本的方程式,来完成麦克斯韦的研究工作。但是,正如我们将要看到的那样,他失败了,没能完成这一心愿。

核结构的质子—电子体系本身就没有被坚持下去,因为它包含了一个致命的缺陷。

质子和中子

核就像电子、质子、光子和引力子一样,也有自旋。通过对给定核所产生的光谱细线的仔细研究并采用其他方法,可以确定其自旋的值。

如果核是由像质子和电子那样的组分粒子组成的,那么理所当然,核的总自旋值应该是组分粒子的自旋值的总和。这是因为自旋代表了角动量,长期以来,物理学家们已经发现存在一个角动量守恒定律。换句话说,你既不能凭空产生自旋,也不能使自旋消失。角动量只能从一个物体转移至另一个物体。

通过对这一定律进行检验,证明了它适用于所有普通物体。一个普通的自旋物体(例如你用手使硬币产生旋转)似乎没有从任何地方得到它的自旋。然而,自旋来自你的手的运动,当你用手旋转硬币时,你的手、身体的其他部分以及你接触到的任何东西——椅子、地面、地球——都会获得一个相反的旋转。(角动量可以是两个方向中的任何一个,可以相加或相减,两个方向可以相互抵消。此外,在一个方向形成的同时,另一个方向就会自动抵消。这就是说**净**角动量——把所有的加和减综合在一起得到的角动量——是守恒的。)

角动量的值不仅取决于旋转的速度,而且取决于旋转物体的质量。当你用手旋转一枚硬币使它产生自旋时,由于地球与硬币相比质量实在太大了,因此使它产生的反方向旋转速度也实在太小了,以至于用任何能想到的方法都无法测量出来。当硬币因表面摩擦使自旋渐渐减慢直至最终停止时,地球的那种慢到不可思议的反向自旋也会慢下来,直至停止。

对正在自旋的粒子而言,如果任其自然,那么,它们的自旋可能会永远持续下去。质子和电子的自旋均可用半整数 + 1/2 和 − 1/2 来表示。(这两种粒子尽管质量不同,但总的自旋是相同的。电子由于质量较小,因此自旋速度较大。当然,自旋可以是任一方向的。)

如果一个核中的质子数和电子数都是偶数,那么它们的自旋相加后得到的总自旋必定是 0 或整数。例如,两个自旋可以是 + 1/2 和 + 1/2,或 + 1/2 和 − 1/2,或 − 1/2 和 + 1/2,或 − 1/2 和 − 1/2。其和分别为 + 1、0、0 和 − 1。你可以设想有 4 个、6 个、8 个或任何偶数个半整数自旋,并采用你喜欢的任何加和减的组合,对它们进行运算,最终总会得出 0、正整数或负整数。

如果总粒子数是奇数,每个粒子都具有一个半整数自旋,那么,不管你如何变更加减运算,最终总会得出一个半整数自旋。例如,如果有 3 个粒子,它们可以是 + 1/2、+ 1/2 和 + 1/2,那么总和为 $+ 1\frac{1}{2}$;它们也可以是 + 1/2、+ 1/2 和 − 1/2,那么总和为 + 1/2。对于 3 个、5 个、7 个或任何奇数个半整数自旋,无论你如何变更加减运算,总会得出 + 1/2、– 1/2、正整数 + 1/2 或负整数 – 1/2。

这使我们想起了氮 14 核,根据分光镜显示的研究结果,它的自旋为 + 1 或 – 1。氮 14 核的质量数为 14,所带电荷为 + 7。根据核结构的质子—电子方案,它的核必须由 14 个质子和 7 个电子组成,或者说共有 21 个粒子。然而,21 是奇数,相加后的总自旋必定是半整数,而不可能是 + 1 或 – 1。

这给物理学家们带来了很多麻烦。他们既不想放弃核的质子—电子结构,因为它是如此简单而且又能解释许多现象;但他们也不想放弃角动量守恒定律。

早在 1920 年,一些物理学家,特别是卢瑟福,很想知道质子—电子的组合是否能被看作单个粒子。它将会具有质子的质量(或由于电子的存在会略微重一些),所带电荷为 0。

当然,你不能认为这种粒子只是质子和电子融合在一起,因为每个粒子还会为这种融合提供 + 1/2 或 – 1/2 的自旋。那么为什么这种融合的粒子会具有 0、+ 1 或 – 1 的自旋呢?无论你是分开计算质子和电子的自旋,还是合起来计算它们的自旋,氮核的总自旋仍是半整数。

因此,你必须改变原来的想法,认为这种粒子像质子那样,质量为 1,所带电荷为 0,自旋为 + 1/2 或 – 1/2。因为只有这样才与我们观测到的氮核相等。1921 年,美国化学家哈金斯(William Draper Harkins,1871—1951)因这种粒子是电中性的而把它称为**中子**。

在整个 20 世纪 20 年代,这种可能性始终存在于物理学家们的头脑里。但是,由于假设的中子从未被实际探测到过,因此很难完全站住脚。而质子—电子结构仍被继续使用,尽管它不符合所有的事实情况。(科学家们通常不会抛弃一种看起来很有用的概念,除非他们确认有一种更好的概念能替代它。在科学的进程中,抛弃或用一些非常模糊的概念来替代一些有用的概念并不是一个好主意。)

1930年,德国物理学家博特(Walter W. G. F. Bothe,1891—1957)说,当他用α粒子对一种轻元素铍进行轰击时,能获得某种辐射。它的穿透性非常强,而且似乎不带电荷。他能够想到的具有这些特征的东西只有γ射线,因此,他觉得他得到的就是γ射线。

1932年,法国物理学家弗雷德里克·约里奥–居里(Frédéric Joliot-Curie,1900—1958)和他的妻子伊雷娜·约里奥–居里(Irène Joliot-Curie,1897—1956)——也就是皮埃尔·居里和玛丽·居里的女儿——发现,当博特得到的辐射撞击石蜡时,会造成从石蜡中放出质子。人们知道γ射线不能起这样的作用,但是约里奥–居里夫妇想不出任何别的解释。

1932年,英国物理学家查德威克(James Chadwick,1891—1974)重复了博特和约里奥–居里夫妇的实验,并推断,要想通过辐射放出像质子这种重粒子,那它本身必须是由重粒子组成的。由于这种辐射确实不带电荷,因此,他确定这就是物理学家们正在寻找的中性重粒子——中子。结果确实如此,查德威克因为他的这项发现而获得了1935年的诺贝尔奖。

一旦中子被发现,海森伯立即提出,原子核是由紧密结合的质子团和中子团组成的。例如,氮核是由7个质子和7个中子组成的,每个粒子的质量数均为1。因此,氮核的总质量数为14。由于质子只带1个正电荷,而中子所带电荷为0,因此总电荷为+7,就像假设的那样。另外,现在一共有14个粒子——为偶数——因此核的总自旋可以为+1或−1,与实测值一致。

由此可以得出这样的结论,质子—中子结构可以毫无例外地解释所有原子核的核自旋,同时又能解释用质子—电子结构解释得通的所有现象(就像我最终会解释的那样,有一个例外是后来才补充进去的)。事实上,自从发现中子后,在半个多世纪中,没有发现任何对核的质子—中子结构产生丝毫动摇的事物，尽管这一理论本身已经得到了一些改进。我们将在后面再谈这些内容。

例如，我们来考虑如何巧妙地用新的概念解释同位素的存在。在某一给定元素的所有原子的核中，都有相同的质子数，因此都有相同的核电荷，然而中子数可能不同。

因此，氮14的核是由7个质子和7个中子组成的，而每3000个氮核中有1个含有7个质子和8个中子，因而它是氮15。虽然最普通的氧核含有8个质子和8个中子，构成氧16的核，但有一些氧核含有8个质子和9个中子，甚至含有8个质子和10个中子（分别为氧17和氧18）。

即使是由单个质子组成、不含任何其他粒子的氢核（氢1）也不例外。1931年，美国化学家尤里（Harold Clayton Urey，1893—1981）指出，每7000个氢原子中有1个是氢2，为此他获得了1934年的诺贝尔奖。氢2的核由1个质子和1个中子组成。人们常常把它称为氘（deuterium，这一名字源于希腊语中的"第二"一词）。

同样，铀238的核由92个质子和146个中子组成，而铀235的核则由92个质子和143个中子组成。可见，没有任何元素的同位素不是完全符合质子—中子核结构的。

质子和中子两者都存在于核中（有时候它们合在一起被称为核子），两者的质量几乎相等，在适当的条件下两者都能从核中放出。然而，质子早在1914年就已被认作一种粒子了，而中子却还得再等18年才被发现。为什么花了这么长的时间才发现中子呢？原因是，电荷是一种粒子最容易被认识到的一个方面。质子是带电荷的，而中子却不带电荷。

认定亚原子粒子存在的最早的方法之一是使用金箔验电器。这种装置是由两张很薄很轻的金箔和与之相连的杆组成的，为了防止干扰气流的影响，设计时将它们封闭在一个盒子中。如果带电物体与杆接触,电荷就会立即传入金箔。由于两张金箔接收到的是相同性质的电荷,它们就会相互排斥,分开成倒"V"形。

如果不受任何干扰,验电器的金箔就会保持分开状态。然而,任何进入验电器的带电粒子流,会与空气分子的电子相撞。这就会产生带负电的电子和带正电的离子(带电粒子流是致电离辐射的一个例子)。这些带电粒子中的某一种会中和一张金箔上的电荷,从而使两张金箔慢慢地靠在一起。然而,中子流不是致电离辐射,它不带电,因而既不会与原子和分子中的电子相吸,也不会与之相斥。因此,用验电器不能探测到中子。

1913年,德国物理学家盖革(Hans Wilhelm Geiger,1882—1945)发明了一种装置,它由一个装有气体并处于高电势状态下的圆筒组成,但是它的强度还不足以迫使电火花穿过气体。只要有一点点致电离辐射进入圆筒,就会马上形成离子,这个离子受电势牵引穿过圆筒,并产生更多的离子。即使是单个亚原子粒子产生放电也会使计数器发出咔哒声。盖革计数器作为一种亚原子粒子的计数方法从此变得很有名气。

1911年,甚至更早一些,英国物理学家威耳逊(Charles Thomson Rees Wilson,1869—1959)发明了云室。他使无尘潮湿的空气在一个圆筒中膨胀。随着空气的膨胀,它会被冷却,假如有灰尘粒子出现,一部分湿气就会以它为中心形成小水滴。如果不存在灰尘粒子,则水就保持蒸气形态。如果有亚原子粒子进入云室,它就会沿着本身的轨迹形成离子,这些离子就会成为水滴的冷凝中心。围绕每个离子会形成一个微小的水滴。用这种方法,不仅能探测到粒子,而且能探测到其运动轨迹。如果将云室放入电场或磁场中,高速运动的带电粒子会相应地偏转——它的轨迹是可见的。威耳逊因发明该装置获得了1927年的诺贝尔奖。

1952年,美国物理学家格拉泽(Donald Arthur Glaser,1926—2013)

发明了一种类似的装置。格拉泽采用使液体升温至产生蒸气气泡的办法来代替使气体冷却产生液体小滴的办法。当亚原子粒子进入时，沿着粒子的运动轨迹会形成气泡。格拉泽因发明"气泡室"获得了1960年的诺贝尔奖。

所有这些装置以及许多其他类似的装置，都只对由致电离辐射产生的离子有反应；这是因为它们是带电粒子。可以说，这些装置中没有一个能对静悄悄地进入或离去的中子起作用。

中子的存在只能间接地探测到。如果一个在某探测装置内形成的中子，在行进了一段距离后，与其他某些能够被探测到的粒子发生碰撞——只要该中子改变了另一个粒子的轨迹，或形成了新的能够被探测到的粒子——这时在两个轨迹之间会存在一个间隙，这表示在一端形成了中子，而在另一端中子与其他物体发生了碰撞。这个间隙中肯定存在某种东西，而根据这两组轨迹的性质可以知道，认为间隙中存在一个中子是合乎逻辑的。

利用粒子探测装置进行研究的物理学家们学会了用照相机拍下以小水滴、气泡、火花线等形式表现出来的复杂的运动轨迹，并且能像我们读这本书那样轻易地解释所有细节。

也就是因为中子在这些装置中没有留下任何痕迹才使它在推迟了那么多年之后才被发现。然而，一旦被发现，就证明了它们是极其重要的，只要我们让时间倒回一点点就会看到这一点。

核 反 应

涉及电子的转移和共享的无数原子和分子间的相互作用都被称为化学反应。直至1896年，科学家所知道的一切相互作用，无论是发生在有生命的细胞组织中还是发生在无生命的宇宙万物中，都是化学反应,虽然人们还未真正理解它们的性质。当然,一旦人们逐渐认识了原子的结构,情况就不同了。

在这方面,放射性就不同了。涉及放射性的变化包括核内某些部分的放出,或核内粒子在性质上的改变。这些变化被称为核反应。通常,核反应所涉及的能量变化强度比化学反应要大得多。

放射性是一种自发核反应。如果没有这些为数不多的自发核反应,并且发生的这些反应没有受到人类的任何诱发或干扰,我们也许永远也不会发现这类现象的存在。

对于人类来说,要想诱发或控制核反应,毕竟要比诱发或控制化学反应困难得多。要想产生、阻止或改变一个化学反应,化学家们只需将化学药品混合、加热、冷却、加压、吹入空气或进行其他一些简单处理。毕竟这只涉及外围电子,由于它们暴露在外面,因此很容易进行处理。

而核反应发生在位于原子正中的微小的核中——核会受到诸多电子的守护。所有能引起化学反应的过程都不能触及或影响原子核。因此,当放射性首次被发现时,化学家们惊奇地发现,蜕变的速率竟然不会因温度变化而改变。无论将放射性物质加热至熔化,还是将它们放入液态空气中,它们的蜕变速率始终保持不变。即使放射性物质发生了化学变化,也不会改变它们放射性蜕变的速率。

那么有没有一种方法能干扰核呢?如果确实存在这种方法,就肯定要涉及穿过电子保护层,也就是说要接触到核本身。说得更确切些,卢瑟福就是用这种方法发现了核的存在。他曾用高能α粒子轰击原子,由于它具有足够大的质量而不必理会电子,又由于它足够地小而在到达核时会被弹开。

1919年,卢瑟福将一小块放射性材料放在一个封闭圆筒的一端,而在另一端的内表面涂上硫化锌。放射性材料会放出α粒子。无论什么时候,只要α粒子撞击到硫化锌并停下来,α粒子就会失去它的动能而转化成微弱的闪光,如果在很暗的房间中,待人的眼睛适应黑暗环境后,是能够看到这种闪光的。卢瑟福和他的合作者,通过数出光的闪烁次数即可精确地计算出单个粒子的撞击次数。这种装置被称为闪烁计数器。

如果让α粒子穿过真空,闪烁会很多而且很亮。然而,如果在圆筒中有一些氢的话,就会出现特别明亮的闪烁。这似乎是因为α粒子偶然撞上氢的质子核,而质子比α粒子轻,被撞后会以更快的速度向前运动。速度对动能的影响比质量对动能的影响大,因而速度非常高的质子就会产生非常明亮的闪烁。

如果允许氧或二氧化碳进入圆筒,那么闪烁就会变暗而且变少。因为氧和碳的原子具有相当重的核(分别为α粒子质量的4倍和3倍),它们会使α粒子的运动速度减慢,有时α粒子会在某一点获取电子变成普通的氦原子。质量较重的碳和氧的核被撞击后会缓慢向前行进,也就只能产生暗淡的闪烁。

然而,如果圆筒中放的是氮,人们就会观测到有氢存在时才出现的那种很亮的闪烁。卢瑟福提出,氮核中的粒子不像碳核或氧核中的粒子那样结合得那么紧密。α粒子即使猛撞碳核或氧核也不能将它们撞开,而当它撞击氮核时,会将质子从核中撞出,形成常见的质子闪烁。

一开始这只是一种推测,但到了1925年,英国物理学家布莱克特(Patrick Maynard Stuart Blackett,1897—1974)第一次大规模地使用威耳逊云室,对卢瑟福的实验进行验证。他用α粒子在云室中对氮进行轰击,并拍摄了20 000张照片,拍下了总数超过400 000个α粒子的踪迹,但其中只有8个是属于α粒子与氮分子之间的撞击。

通过研究粒子开始撞击以及撞击结束时的踪迹,布莱克特指出,卢瑟福是正确的,质子已被从氮核中撞击出来。带两个正电荷的α粒子已进入核内,带一个正电荷的质子已离开了核,这就意味着核的电荷已

净增了 +1。核电荷已由 +7（氮）变成了 +8（氧）。此外，进入核内的α粒子的质量数为4，而离开核的质子的质量数为1。因此，氮核获得的质量数为3，即从14增加至17。实际结果是氮14与氦2（α粒子）结合，生成氧17和氢1（质子）。

因此，卢瑟福是第一位在实验室中产生核反应的科学家；就是说，他也是第一位人为地使一种元素变成另一种元素——氮变成氧——的科学家。布莱克特因为在这个问题以及其他问题上应用了云室而获得了1948年的诺贝尔奖。

在某种程度上，卢瑟福已经实现了古代炼金术士所说的元素的演变，因此，当时有些人听说后就说，"看，归根结底古代炼金术士是正确的。现代科学家轻蔑地对待他们是错误的"。然而，这种观点是不对的。因为炼金术士不仅认为元素的演变是可能的，而且认为单单通过化学处理——如混合、加热、蒸馏等等就能实现。在这一点上他们就是错误的。元素的演变只能通过核反应得以实现，而这已经超过了古代炼金术士的能力和他们的智慧。

总之，光有理想是不够的。在一个人因"确实正确"而能获得荣誉之前，还必须保证重要的细节都是正确的。因此，在牛顿之前就有人谈论月球之旅，而这在某种程度上还只是一种聪明的想法。然而，是牛顿首先指出，月球之旅只能采用火箭原理才能实现。因此，是他，而不是他的前辈应该获得这种荣誉——不仅仅是因为梦想，而是因为包含了实际实现途径的梦想。

人造同位素

卢瑟福已经将自然界中一种已知的同位素氮14变成了另一种已知的同位素氧17。在确立了这种实验室演变的可能性之后，通过用高速运动的粒子轰击不同类型的原子即可引发其他核反应,从而生成其他已知的同位素。

但是元素的演变总是一定会生成已知的同位素吗?增加或减少粒子有没有可能生成质量数和电荷与任何天然存在的元素不同的核呢?1932年,旅居美国的拉脱维亚化学家格罗斯(Aristid V. Grosse, 1905—1985)提出,也许存在这种可能性。

1934年,约里奥-居里夫妇继续了卢瑟福的研究工作,用α粒子对各种元素进行轰击。他们以这种形式对铝进行轰击,结果不仅有质子被撞离铝核,而且在某些情况下,还有中子被撞离铝核。一旦轰击停止,从铝核中放出的质子和中子流也立刻停止。然而,使他们感到惊讶的是,有一类辐射(我们将在本书后面的内容中阐述)持续和衰减的时间就像一种放射性物质的辐射强度预期可能衰减的那样。他们甚至能计算出这种辐射的半衰期只有2.6分钟。

自然界中所有的铝原子,其原子序数为13,质量数为27。换句话说,它们的核都由13个质子和14个中子组成。如果加上1个α粒子(2个质子和2个中子),撞离1个质子,那么新核就包含14个质子和16个中子,那就成了人们熟悉的同位素硅30。

但如果这时从核中被撞离的是一个中子,情况又会怎样呢?如果铝核(13个质子和14个中子)加上1个α粒子(2个质子和2个中子),撞离1个中子,结果得到的新核由15个质子和15个中子组成,那就是磷30。然而,自然界中并不存在磷30。自然界中的磷原子都是磷31(15个质子和16个中子),这是唯一稳定的磷同位素。磷30是具有放射性的,会很快蜕变(蜕变的方式我们将在后面阐述)成稳定的硅30。

磷30是第一个"人工"生成的同位素,它引出了人工放射性的概念。为此,约里奥-居里夫妇共享了1935年的诺贝尔奖。

自从约里奥-居里夫妇提出这种方法之后,人们通过各种核反应生成了许许多多不同类型的人工同位素。所有这些人工同位素都是具有放射性的,因此,人们把它们称为放射性同位素(radioactive isotopes 或 radioisotopes)。

所有存在的稳定同位素或接近稳定的同位素都是在地球的矿石中发现的。没有任何一种在实验室中生成的同位素具有足够长的半衰期,使它能从地球开始形成起至今仍然存在能被探测出来的数量。

所有已知元素都有放射性同位素。即便是氢这种最简单的元素也有放射性同位素氢3,它的核由1个质子和2个中子组成。有时候人们称它为氚(tritium,该词源于希腊语中"第三"这个单词)。它的半衰期为12.26年。氚是1934年由澳大利亚物理学家奥利芬特(Marcus Laurence Elwin Oliphant,1901—2000)在实验室中首先生成的。

在卢瑟福的开拓性工作完成之后的1/4个世纪里,科学家们一直在对原子进行艰苦的研究。他们将α粒子作为攻击的炮弹,这有它的长处。至少有一点,α粒子总是现成可以利用的。铀、钍和它们的几种蜕变产物(如镭)都会产生α粒子,因此,α粒子的供应总是很充足。

当然,也存在着不利因素。α粒子带有正电荷,就像原子核一样。(毕竟α粒子本身就是一个原子核。)这就意味着原子核会排斥α粒子。在α粒子撞上并进入一个原子核之前,它必须克服这种排斥力。这样就会消耗其部分能量,因而会降低其有效性。此外,被轰击的核质量愈大,斥力也就愈大,当超过某一特定值时,使用α粒子就根本不可能进入核中。

然而,一旦中子被发现以后,费米立刻意识到,这是一种新的独一无二的轰击粒子。假如我们能生成中子流,然后,用中子流去撞击石蜡,由于这些中子是不带电荷的,它们不会受到原子核的排斥。如果一个中子刚好朝着核的方向运动,即使它具有很低的能量,也能撞进核内。中子的发现使整个原子轰击技术发生了革命性的变化。

费米发现,假如使中子流穿过水或石蜡,许多中子会撞击到核,但是没有穿透而是被弹了回来,并在这个过程中损失了部分能量。最终,这些中子具有的能量通常仅能使中子以给定温度下对应的速度颤动。这些中子就变成了热中子或慢中子。费米发现,实际上正是这种慢中子才有可能被核吸收,而不是快中子。

费米还发现,当一个中子进入核内时,常常会放出β粒子(电子)。中子的加入会使核的质量数增加1,由于放出β粒子就会减去1个负电荷,也就是核电荷(即原子序数)加1。总之,用中子轰击一种特定的元素会生成原子序数比该元素更高的下一个元素。

1934年,费米想到,用中子轰击铀也许是件很有趣的事情。铀的原子序数为92,是当时已知的原子序数最大的元素。那么如果用中子轰击铀,使它放出β粒子,会不会形成自然界中未知的93号元素呢?

费米进行了有关实验,他似乎确实获得了93号元素。然而,实验又引出了复杂而又使人困惑的结果(我们将会在后面看到),为了弄清他的发现,前后耗费了几年的时间。

与费米一起工作的意大利物理学家塞格雷(Emilio Segrè,1905—1989)确定,为了产生一个未知元素,没有必要用中子去轰击铀。当时正处于20世纪30年代中期,周期表中还有4个空格未填入元素,这些空格均代表未知的元素。其中原子序数最小的是43号元素。

1925年,包括诺达克(Walter Karl Friedrich Noddack,1893—1960)和塔克(Ida Eva Tacke,1896—1978)在内的一群德国化学家宣称他们发现了75号元素,并用德国境内莱茵河的拉丁语名字把它命名为铼。结果显示它是81个稳定元素中最后一个被发现的。他们还宣布已经发现了43号元素的踪迹,并用德国东部一个地区的名字将它命名为镤。

然而,这第二个结果却是一个错误的谎报,43号元素仍未被发现。塞格雷想,为什么不用中子去轰击钼(42号元素),看看尚未被发现的

43号元素能否被制造出来。

1937年,塞格雷来到美国,用新技术使中子轰击钼(这一点我们将在后面叙述),他确实发现被轰击的材料中存在43号元素。然而,他不敢轻易给这种新元素命名,因为他不能肯定,一种人工生成的元素是否等同于在自然界中发现的元素。1947年,英籍德国化学家帕内特(Friedrich Adolf Paneth,1887—1958)坚持认为它们是等同的,而且这种观点也为人们所接受了。因此,塞格雷把43号元素命名为锝(technetium,该词源于希腊语中意为"人造的"这一单词)。

为了研究锝的特性,人们用一种又一种方法生成了足够多的锝,并发现它有3种同位素,而且具有相当长的寿命。其中寿命最长的是锝97(其核中包含43个质子和54个中子*),其半衰期为2 600 000年。就人的生命周期而言,这种同位素的一个样品似乎是永久性的;在一个人的生命期间,哪怕只有一点点这种材料,它也不会蜕变完。虽然如此,锝的稳定同位素仍然不会存在,因为即使是最接近稳定的锝97的寿命也还是不够长,不可能从地球形成起,一直存在到现在。即使在地球形成早期的土壤中还存在大量的锝,至今仍不可能留下一丝一毫。这一点是显而易见的,因为锝的同位素不可能由任何其他寿命更长的放射性元素生成。

当时在元素周期表中还剩下3个空格,它们是61、85和87号元素。偶尔有人会宣称从某种矿石中发现了这3种元素,但结果显示所有的报告都是错误的。

然而,1947年,美国化学家科里尔(Charles D. Coryell,1912—1971)和他的同事用中子轰击铀之后,在铀的蜕变产物中找到了61号元素(有些东西我们很快就会谈到)。他们以希腊神话中的人物普罗米修斯(Prometheus)为这种元素命名,称它为钷(promethium),因为是普罗米

---

* 原文为55个中子,有误。——译者

修斯从太阳上为人类带来了火,而这种元素是在像太阳火那样的核反应中发现的。钷的同位素没有一个是稳定的,即使是寿命最长的钷145(含61个质子和84个中子),其半衰期也只有17.7年。

1939年,法国化学家佩雷(Marguerite Perey,1909—1975)找到了87号元素的细微踪迹,它是作为铀235的非常少的蜕变产物出现的。她以法国国名把该元素命名为钫(francium)。她找到的同位素是钫215(含87个质子和128个中子)。它的半衰期仅为百万分之一秒多一点,因此佩雷肯定不能探测到这种同位素本身。她探测到的是钫生成的能量非常高的α粒子(产生α粒子的物质其半衰期愈短,α粒子的能量就愈高),可以从已知的同位素必须遵循的蜕变模式推导出钫的存在。即使是寿命最长的钫同位素钫223(含87个质子,136个中子),其半衰期也只有21.8分钟。

1940年,塞格雷和其他人一起,用α粒子轰击铋(83号元素),生成了85号元素。85号元素被命名为砹(astatine,源于希腊语中意为"不稳定"的单词),因为它像1925年以来发现的所有其他元素一样,确实是不稳定的。其寿命最长的同位素砹210(含85个质子和125个中子)的半衰期也只有8.1小时。

到了1948年,从氢(1)至铀(92)的所有元素都已填入周期表,并且已经发现了铀以上的元素。费米认为他在1934年就已经用中子轰击铀而生成了93号元素,但是直到1940年它才由美国物理学家麦克米伦(Edwin Mattison McMillan,1907—1991)和埃布尔森(Philip Hauge Abelson,1913—2004)从被轰击的铀中分离出来。由于铀(uranium)是根据新发现的行星天王星(Uranus)的名字命名的,因此麦克米伦就将紧挨在铀后面的93号元素镎(neptunium)以位于天王星外围的海王星(Neptune)的名字命名。

镎237是该元素寿命最长的同位素,它的半衰期为2 140 000年。

这样的寿命的确是够长的了,但是还不足以长到能在地球表面的地壳中留下一点点的镎,即使一开始就有很多镎也不行。尽管如此,镎237还是有它的有趣之处,因为它的蜕变是通过一系列的中间化合物来完成的,与铀238、铀235和钍232一样。

事实上镎237是前面提及的第4个放射系。它和它所有的蜕变产物的质量数被4整除后余数均为1。在周期表靠上的区域中,只可能有4种放射系:钍232(余数为0),镎237(余数为1),铀238(余数为2)和铀235(余数为3)。这些元素中,目前在地球上还存在的有3种,但镎237却已经消失了。因为,在这一放射系中即使是寿命最长的元素,其半衰期也不足以长到目前还能在我们周围发现其同位素。

关于镎237放射系的另外一件奇特的事便是,它是唯一不以稳定同位素铅作为蜕变最终产物的元素。它的最终产物是铋209——铋唯一的稳定同位素。

1940年,美国物理学家西博格(Glenn Theodore Seaborg, 1912—1999)与麦克米伦合作发现,某种镎的同位素会放出 β 粒子,变成质量数相同,但原子序数比原来大1的同位素。这样,他们便发现了94号元素,并以海王星后面的行星冥王星(Pluto)来将其命名为钚(plutonium)。它的寿命最长的同位素是钚244(含94个质子和150个中子),其半衰期为82 000 000年。麦克米伦和西博格由于发现了超铀(即原子序数超过铀)元素而获得了1951年的诺贝尔奖。

麦克米伦继续进行其他研究,而西博格和其他一些人则继续生成更多的元素。他们已经分离出了下列超钚元素:

镅(为了纪念美国),其原子序数为95。它的寿命最长的同位素是镅243(含95个质子和148个中子),半衰期为7370年。

锔(为了纪念居里一家),其原子序数为96。它的寿命最长的同位素是锔247(含96个质子和151个中子),半衰期为15 600 000年。

锫(该元素是在加利福尼亚州的伯克利发现的),其原子序数为97。它的寿命最长的同位素是锫247(含97个质子和150个中子),半衰期为1400年。

锎(该元素是在美国加利福尼亚州发现的),其原子序数为98。它的寿命最长的同位素是锎251(含98个质子和153个中子),半衰期为890年。

锿(为了纪念爱因斯坦),其原子序数为99。它的寿命最长的同位素是锿252(含99个质子和153个中子),半衰期为1.29年。

镄(为了纪念费米),其原子序数为100。它的寿命最长的同位素是镄257(含100个质子和157个中子),半衰期为100.5天。

钔(为了纪念门捷列夫),其原子序数为101。它的寿命最长的同位素是钔258(含101个质子和157个中子),半衰期为56天。

锘(为了纪念诺贝尔奖的创立者诺贝尔),其原子序数为102。至今已探测到的寿命最长的同位素是锘259(含102个质子和157个中子),半衰期为58分钟。

铹(为了纪念本书后面将要提到的劳伦斯),其原子序数为103。至今已探测到的寿命最长的同位素是铹260(含103个质子和157个中子),半衰期为3分钟。

𬬻(为了纪念卢瑟福),其原子序数为104。至今已探测到的寿命最长的同位素是𬬻261(含104个质子和157个中子),半衰期为65秒。

𬭊(为了纪念哈恩)* ,其原子序数为105。至今已探测到的寿命最长的同位素是𬭊262(含105个质子和157个中子),半衰期为34秒。

106号元素也已被发现,但由于有两个小组各自声称是自己发现的,而且始终没有达成协议,因此至今仍无正式的名称。** 至今已探测

---

* 原文为Hahnium,该元素后定名为Dubnium,现正式名称为"𬭊"。——译者

** 现正式名称为"𬭳"。——译者

到的寿命最长的同位素其质量数为263（含106个质子和157个中子），半衰期为0.8秒。

现在还不能肯定科学家们能够再走多远。随着原子序数的不断提高，元素已经很难生成，因为它们的半衰期愈来愈短，很难进行研究。然而，人们迫切想要找到110号和114号元素*，因为有极具说服力的观点认为这些元素的一些同位素会具有较长的寿命，甚至是稳定的。

---

* 迄今已发现的107—118号元素的正式名称依次为𨨏、𨭎、𨭆、𨭌、𨭆、镃、鿏、𫟼、鿔、𫭟、鿭、𫓧、鿮、氮。——译者

第七章

蜕 变

质量亏损

正像前面所指出的那样,目前用于测定原子量的标准是碳12。碳12的质量数被定义为12.0000,而其他所有质量数的测定都是相对于该质量数的。原子量是组成某特定元素的各种同位素的质量数的平均值,因此,也应以碳12作为测定标准。

碳12的核中包含了12个粒子:6个质子和6个中子。如果这12个粒子构成的总质量为12.0000,那么,每个粒子的平均质量应为1.0000。现代的质谱仪,能够根据单个质子在强度值已知的磁场中的弯曲轨迹测出其质量。然而,质谱仪显示的质子质量不是1.0000,而是1.007 34。

中子是不带电荷的,因此经过磁场时不会发生偏转,但它的质量可以通过其他方法得到。1934年,查德威克测出了使氢2核分成质子和中子所需能量的精确值。氢2核的质量是已知的。那么,从氢2核的质量中减去质子的质量,再加上使核分裂消耗的能量的质量(根据爱因斯坦的质能方程式计算出来),所得的就是中子的质量。

结果显示中子的质量为1.008 67。换句话说,质子与中子的质量并不是完全相等的。中子质量比质子质量大,其差值大约为质子质量的1/700(我们在后面将会看到,这一点是很重要的)。

假如我们设想取出6个质子和6个中子,并把它们看作单独的粒子,那么,把它们各自的质量加在一起所得的总质量为12.096。然而,如果我们将全部6个质子和6个中子捏在一起紧紧地压进碳12核中,我们得到的总质量是12.0000。

碳12核的质量比组成碳12核的各单个粒子的质量总和小了0.096。1927年,阿斯顿用他的质谱仪进行了许多研究,发现所有原子核的质量都略小于组成这些核的各单个粒子的质量总和。阿斯顿把这种现象称为**质量亏损**。

那么碳12核的质量亏损与其总质量之比的分数值是多少呢?该分数值等于0.096除以12,即0.008。为了避免在研究工作中使用这种很小的小数值,科学家们将它乘以10 000,所得值等于80。这就是碳12的**敛集率**。

通常,如果我们从氢1的单质子核开始,逐步上升到稳定同位素的范围,直到铁56,我们会发现敛集率变得愈来愈大。铁56的核含有26个质子和30个中子。如果这些粒子被看作是分开的,那么其总质量为56.4509,而铁56核的质量经测定为55.9349,质量亏损为0.5260(约为1个质子质量的一半)。它的敛集率等于0.5260除以55.9349再乘以10 000,结果是94.0。如果我们继续向上,会发现,铁56之后的稳定同位素,其敛集率又开始下降。当到了铀238时,它的敛集率仅为79.4。

那么当质子和中子被压进核中时,亏损的质量发生了什么变化呢?这时只可能发生一件事:根据爱因斯坦的质能方程式,它转化成了能量。换句话说,如果6个质子和6个中子形成了碳12的核,那么这些粒子的一小部分质量就会转化成能量并耗散在周围空间。任何耗散能量的过程都有自发产生的趋势(尽管并非总是很快)。这就是说,在适当的条件下,质子和中子具有组合成核的趋势。

反之,为了将核分成独立的质子和中子,必须要提供一定的能量,其值就等于该核形成过程中放出的能量。那么,怎样才能将释放出来的能量再收集起来并装进体积微小的核中呢?除非是在最特别的情况下,否则是不会发生的;核不会有分裂成单独的质子和中子的趋势。一旦核形成以后,它们就有无限期地保持其本体的趋势。

然而,核不一定要分散成单个粒子才能丧失其本体。如果它只是获得或失去一个质子或一个中子,情况又会如何呢?这足以使一种核变成另一种核,同时可能会进一步耗散能量。从整体来看,如果一种核变成另一种具有更高敛集率的核,那就会进一步耗散能量,因此发生这种变化是必然的趋势。

我们也许能预料质量数很小的核有变为质量数较大的核的趋势,与此同时,质量数很大的核也有变为质量数较小的核的趋势。位于质量数标尺两端的核具有向铁56集聚的趋势。由于铁56的敛集率最大,因此,无论它要变成质量数比它大还是比它小的元素并保持在该状态,都需要对它输入能量。

然而,趋势并不一定会成为事实。如果我们站在斜坡上,会感到具有滑下斜坡的趋势。但是,如果地面粗糙不平,而且我们穿着鞋底起伏不平的胶质运动鞋,这时形成的摩擦力将会阻止身体下滑,尽管还存在下滑的趋势。另一方面,如果斜坡变陡,或者坡度不变但地面结冰,这时产生的摩擦力不足以使我们保持平衡,我们就会重新向下滑去。

再举一个例子,纸有燃烧的趋势,也就是会与大气中的氧气化合。尽管如此,产生燃烧效应的化学变化在常温下是不会发生的,因为激发燃烧需要能量。然而,如果纸被加热,使愈来愈多的能量进入,最终,达到激发燃烧所需的能量,纸就会被点燃。

一旦纸被点燃,就会产生足够的热量,这个热量就能作为激发邻近区域的纸燃烧的能量,从而使火焰依次不断向更远的地方延伸。这时,纸不再需要外界进一步提供能量就能继续无限制地燃烧。只需提供很少的初始能量就能实现上述全部过程。众所周知,一只冒烟的烟蒂能烧毁整个森林就是一个非常实际的例子。这种利用一个化学反应产生的能量作为激发下一个同类化学反应所需能量的过程被简称为链式反应。

就核来说,存在着阻止其变为铁56的趋势成为事实的各种因素。对轻核来说更是如此,其原因我们将在以后阐述。

对于重核来说,这种趋势比较容易实现。事实上,对于所有已知比铋209重的核来说,这种趋势是很现实的。较重的核都趋向于放出粒子,形成新的较小的核,因此其敛集率比原来的核高。这样就会产生并耗散能量。

从一种核变成另一种核的过程中,耗散的热量愈多,变化的可能性愈大,变化发生得愈快,其原始核的半衰期也就愈短。就钍232、铀235和铀238而言,其初始变化涉及的热量耗散非常少,因而它们的半衰期非常长。尽管如此,它们的半衰期也不是无限的,变化是在不断发生的,只是较慢而已。(以此类推,虽然纸在常温下不会燃烧产生火焰,但它还是在缓慢地发生变化。即使不能达到激发燃烧所需的能量,化学变化时不时还是会发生的。因此,随着时间一年一年地过去,一本书的纸张往往会慢慢地泛黄,变得愈来愈脆,直至最终化成灰,这是非常缓慢的"燃烧"造成的。我们也许可以说,纸分子在室温下有一个"燃烧半衰期",这对于读者来说可能是相当长的,但与铀238相比则实在太短了。)

简明扼要地说,19世纪90年代发现的这种天然放射性,使质量数为232至238的核变成了质量数为206至208的核。在这个过程中,敛集率增加,使得最终生成的核中的质子和中子质量比原始核的略小。亏损的质量是作为能量耗散了,我们就是以此来解释放射性产生的能量来自哪里。

核 裂 变

在本书的前面我曾经提到过,1934年费米为了生成93号元素(6年之后被正式确定,并命名为镎),用慢中子轰击铀。费米认为他已经探测到该元素了——从某些方面来讲他做到了;但是,对轰击铀进行的研究显示,得到的似乎是一种杂乱的粒子混合物,在这种混合物中很难精确地测定93号元素。(尽管如此,费米由于该项研究工作还是获得了1938年的诺贝尔奖。)

塔克(元素铼的发现者之一)怀疑,在费米的研究中,铀核发生的变化是非常复杂的,并显得很脆弱,只吸收一个中子,核就会解体成碎片。然而,这种说法与以往观测到的任何核蜕变相去甚远,因而没有人对这种说法给予太多的关注。

1937年初,哈恩和迈特纳的研究小组在德国解决了这个问题。[迈特纳是犹太人,但她具有奥地利国籍,因此暂时未受到希特勒(Hitler)的威胁。当时希特勒在统治德国,执行残酷的反犹太人政策。]

哈恩确定,当铀受到中子轰击时,产生的结果可能是铀失去**两个**α粒子,而不是一个。这表示他已经敢于朝着塔克碎裂观念的方向前进。铀失去两个α粒子会使原子序数减少4,从而由铀92变为镭88。如果哈恩是正确的,那么,在被轰击过的铀中存在的镭的量应该比通常的放射性变化中预期的量略微多一些。

那么,怎样才能探测到极微量的镭并估算出它们存在的数量呢?居里夫人曾从铀矿石中分离出了微量的镭,但她是从数以吨计的矿石中得到的。而哈恩和迈特纳只有很少量的被轰击过的铀。

碰巧镭在周期表中的位置刚好在稳定元素钡的下面,这两种元素的化学性质非常相似。如果将经过轰击的铀溶解于酸中,并在溶液中加入钡,则钡能够通过简单的化学过程被重新分离出来,镭也会与它一起被分离出来。(镭会起到与钡相同的作用。)

那么,如果哈恩和迈特纳放入精确数量的稳定元素钡,并得到明显具有放射性的钡,他们就能知道镭已经与钡一起析出了。根据出现的放射性物质的量(很容易测得),他们能精确地测定获得的镭的数量。然而,就在这项实验完成之前,纳粹德国入侵奥地利,并于1938年3月将其吞并。迈特纳就处在了希特勒反犹太主义的威胁之下,随后她越过边境到达荷兰,并从那儿转往瑞典的斯德哥尔摩。

哈恩与德国化学家施特拉斯曼(Fritz Strassman,1902—1980)一起继续工作。他们在溶液中加入了稳定的钡,并得到了放射性钡,由此他们能估算出析出的镭的数量。然后,为了完成实验的最后一个步骤,生成只含有镭的溶液,必须将镭从钡中分离出来。

然而,分离工作没有获得成功。哈恩和施特拉斯曼并未从钡中分离出他们想要得到的镭。哈恩由此确定,如果不能把稳定的钡从放射性镭中分离出来,那么这些放射性原子就**不是**镭,而是钡——说得更确切一些应该是钡的一种放射性同位素。(哈恩为此获得了1944年的诺贝尔奖。)

然而,铀的蜕变怎么会生成钡呢?钡的原子序数是56。如果铀(原子序数为92)分裂成钡,那么它必须放出18个α粒子,或者必须分裂成两半。这两种想法似乎都不大可能,因此哈恩不大敢将它们公诸于众。

与此同时,在斯德哥尔摩的迈特纳也得出了完全相同的结论,当时她也得到了从钡中分离出镭的实验已经失败的消息。但是她决定将此结论公诸于众。迈特纳在她的侄儿、物理学家弗里希(Otto Robert Frisch,1904—1979)的帮助下,于1939年1月16日写了一封信,寄给英国的《自然》杂志。弗里希在哥本哈根的玻尔实验室工作。在这封信公开发表之前,他将信的主要内容告诉了玻尔。1939年1月26日玻尔去美国参加在华盛顿召开的物理学会议,在会上他公开了这些内容——也是在信发表之前。

与此同时,在英国,匈牙利物理学家齐拉(Leo Szilard, 1898—1964)——像迈特纳一样,他也因为是犹太人而逃离了德国——想到了威尔斯在他的科幻小说中提到的原子弹。齐拉认为,如果让一个中子去撞击一个原子核,从而使其发生变化并释放出2个中子,这2个中子再去撞击2个核而释放出4个中子,这样不断地继续下去,那么这种炸弹真的可能存在。每秒钟蜕变的次数以及释放出来的能量会迅速上升至巨大的数值,因而产生猛烈的爆炸。事实上齐拉想象的就是核的链式反应。

齐拉甚至获得了该过程的专利。他得到了另一位犹太人、旅居英国的俄罗斯生物化学家魏茨曼(Chaim Weizmann, 1874—1952)的帮助,坚持进行必要的实验,但却失败了。吸收和放出中子的核,只吸收那些快的、高能的中子,而放出较慢的中子,这些较慢的中子由于能量太低而不能使反应进行下去。

但是齐拉后来听说铀核被击碎是因为吸收了中子的结果。这种将核分裂成两个几乎相等部分的现象后来被称为裂变(fission,该词源于拉丁语中意为"劈裂"的单词)。我们经常谈到铀裂变,但是铀实际上并非唯一能产生这种裂变的元素;因此,使用更为普遍的术语核裂变比较好一些。

齐拉立刻看出这是一种有效的途径,可以实现他曾想象到的核的链式反应。因为在这个过程中,是慢中子劈开了铀核,而且很快又发现从每个劈开的核中有2个或3个慢中子被释放出来。

1940年,齐拉竭力劝说美国的物理学家们,对他们正在进行的核裂变的研究工作,建立一套自我检查保密制度,以防德国物理学家们可能从美国的发现中获得益处,从而为希特勒提供一种毁灭性的新型炸弹。(当时第二次世界大战已经爆发,德国已经成功地取得了进展,而美国尚处于中立地位。)

接着,齐拉必须劝说美国政府投入巨额资金开展这项研究。他又得到了另外两位出生在匈牙利的从纳粹德国逃亡出来的科学家维格纳(Eugene Paul Wigner, 1902—1995)和泰勒(Edward Teller, 1908—2003)的帮助。1941年*,他们三人拜访了爱因斯坦,他也是一位逃亡者。爱因斯坦,作为当时科学界唯一说话有足够分量的科学家,同意写信给罗斯福(Franklin Delano Roosevelt, 1882—1945)总统。罗斯福收到了这封信,经过考虑后决定接受这个建议,并于当年下半年的一个星期六签发了命令,设立所谓的"曼哈顿计划"——这是一个经过精心设计以掩盖其真实目的的名称。

碰巧,齐拉推进这个计划的时机很不牢靠。周末一般是不签发文件的。如果罗斯福推迟到星期一再签署这个文件的话,那么也许永远不再有机会了——他是1941年12月6日星期六签发这个文件的,而就在第二天,日本攻击了珍珠港。谁敢说那时罗斯福还有可能再考虑这个命令呢。无论如何,这个计划进行下去了,原子弹(更确切地说是核裂变炸弹)于德国被打垮、希特勒被迫畏罪自杀之后的1945年7月研制成功,并于1945年8月6日、8日用它打败了实际上已经孤立无援的日本。

铀核在进行裂变时,并不总是以完全相同的方式分裂。中等大小的核之间,其敛集率相差不是很大,铀核可以在某一点上以一种方式很好地分裂,而在略有不同的另一点上以另一种方式分裂。由于这个原因,在铀核裂变的过程中会生成含有许多不同放射性同位素的混合物。它们以裂变产物的身份混合在一起。

这样最多只会造成划分范围略有不同,较重的部分其质量范围为135—145,较轻的部分其质量范围为90—100。1948年发现的元素钷

---

* 原文为1942年,有误。——译者

就处于质量较重的范围内。

由于核裂变,铀核会比它在普通放射性蜕变中变为铅时更进一步地滑下敛集率"斜坡"。因此,铀裂变时会释放出比普通铀的放射性大得多的能量。(一旦形成链式反应,核裂变也能非常迅速地释放能量,它可以在几分之一秒内释放出它所含的能量,而普通铀的放射性则需要花费几十亿年的时间才能做到。)

但是既然在核裂变过程中释放出来的能量比普通放射性核放出的能量多,为什么铀核不是通过裂变来实现自然蜕变,而只是释放出一系列α粒子和β粒子呢?答案是在核裂变的过程中涉及一种较高的激发能量。如果中子"漂"进核内,能改变其性质并使它振动,这样就能提供必要的激发能量,否则就不行。至少**几乎**不行。尽管激发能量较高,铀核在非常偶然的情况下(好比穿墙而过)也会产生由激发能量引起的自然裂变。然而,发生这种情况的可能性很小。铀238的核,每放出220次α粒子,才会产生1次自然裂变。这种自然裂变是由苏联物理学家弗廖罗夫(Georgii Nikolaevich Flerov,1913—1990)于1941年首先探测到的。

正如有些放射性核的半衰期比其他核短得多,一些核也显示出其进行自然裂变的可能性要大得多。例如,超铀同位素变得更加不稳定,不仅要考虑普通放射性,而且也要考虑自然裂变。铀238的自然裂变半衰期约为1万亿年,锔242为7 200 000年,而锎250只有15 000年。

要使铀238产生裂变是很困难的,即使用中子轰击也不足以使其产生裂变。它需要用高速高能中子进行轰击,同时只放出慢中子,因此不可能产生链式反应。

玻尔在裂变被证实后不久,从理论上指出只有铀235才能产生链式反应。铀235的稳定性比铀238差。铀235的半衰期仅为铀238的1/6,即使是慢中子也会使它产生裂变。事实上研制裂变炸弹的一个更大的困难在于将铀235从铀238中分离出来,因为自然界中发现的普通铀中没有足够的铀235来支持核的链式反应。

然而,我们可以用这样的办法,即用中子轰击铀238,使它先形成镎239,然后形成钚239。钚239的半衰期超过24 000年,这样长的半衰期足以使它能积聚到一定的数量。而钚239与铀235一样,是可以用慢中子使其产生裂变的。

另外,钍232是不能用慢中子使其产生裂变的。然而,当钍232受到中子轰击时能变成钍233,接着变成铀233。铀233是由西博格于1942年首先发现的,它的半衰期为160 000年,而且可以用慢中子使其产生裂变。

换句话说,世界上所有的铀和钍,从理论上讲,都可以转变成能产生裂变的核,如果控制得当,就能使这种猛烈的爆炸变成有用的能量。钍和铀并非很常见的元素,但是,如果把地球上所有的钍和铀收集起来,它们能够产生的能量相当于地球上储藏的全部煤、石油和天然气所能产生的总能量的10倍。

在20世纪50年代,人们开始建造能产生可控制能量的核反应堆。现在,世界上很大一部分能量是由它们提供的。但是必须要确保安全。(1979年在美国三里岛发生的事故和1986年在苏联切尔诺贝利发生的活生生的灾难引起了人们的高度警觉。)另外还有一个问题就是不断生成的裂变废料的处理,因为它们都是危险的放射性物质。基于上述原因,裂变能量的前景目前似乎还存在一些令人担忧的问题。不过,另外还有一种核能也许同样是有用的,而其使用时显然比裂变更安全。

核 聚 变

天然放射性和核裂变都是使具有大质量数的核变成具有中等质量数的、更为稳定的核。在这类变化过程中,会失去质量,产生并耗散能量。还有一种可能,那就是使具有小质量数的核相互结合在一起,或者说是聚变(即融合在一起),从而形成更重一些的核。这种变化也是使核朝着中等质量数和更稳定的方向变。在这里也会失去质量,也会产生并耗散能量。

事实上就敛集率而言,当从大质量数的核变成中等质量数的核时,敛集率呈相当缓慢的上升趋势;而从小质量数变成中等质量数的核时,敛集率上升的趋势则要"陡峭"得多。这就意味着,对于给定质量的起始材料而言,核聚变比核裂变产生的能量更多。

下面让我们举一个例子来验证上述论点。以氢2核(1个质子和1个中子)与另一个氢2核聚变形成氦4(2个质子和2个中子)核为例,氢2的质量数为2.0140,2个氢2相加的质量数为4.0280。而氦4就其大小而言通常具有较高的敛集率,因此其质量数仅为4.0026。从2个氢2核聚变为1个氦4核的质量亏损为4.0280 − 4.0026=0.0254。这一质量亏损为原质量4.028的0.63%。这个数听上去似乎并不觉得很大(氢2融合成氦4造成的质量亏损只是其本身质量1%的5/8),但实际上是很可观的。铀238经过天然放射性变化变成铅206时,亏损的质量为其原始质量的0.026%,而铀235核裂变造成的质量亏损仅为其原始质量的0.056%。同样是1千克原料,氢聚变产生的能量约为天然放射性的24倍,铀裂变的11倍。

事实证明,核聚变能产生能量,对人类了解宇宙是极其重要的,甚至比另外一种能源——核裂变的发现更重要。事情的缘由是这样的。

自从1847年能量守恒定律创立以来,科学家一直想知道产生太阳辐射的能源是怎么一回事。这种辐射现象早已贯穿了整个人类历史,地质研究结果证明,这种现象在人类出现前很久就已经存在了。

在19世纪,没有一种已知的能源能够解释太阳为什么可以持续燃烧超过1亿年,现在证明这个数字还是保守的估计。在20世纪的前10

年中,科学家们开始根据发生在岩石和陨石中的放射性变化来测定它们的年龄。他们很快发现,我们所在的太阳系(包括地球和太阳)已经存在了几十亿年,最新的数字显示它的年龄为 4 550 000 000 年。

到 1910 年,人们已经意识到核能比其他任何能源都要强得多。1920 年,英国天文学家爱丁顿(Arthur Stanley Eddington,1882—1944)提出,太阳能也许起源于氢变成氦的聚变反应。经过 10 年的进步,他的这种假设看上去要更深入一些。当阿斯顿提出敛集率的概念时,这一点变得更加明显了,氢变成氦的聚变反应仅仅是简单的核反应,它能够产生出足够的能量来使太阳发光。

接着在 1929 年,美国天文学家罗素(Henry Norris Russell,1877—1957)通过对太阳光谱的悉心研究,得出了太阳的化学组分,他发现其中大部分是氢。太阳中有 90% 的原子是氢,9% 是氦,剩下的所有其他元素加在一起只占原子总数的 1%。这就意味着,氢变成氦的聚变反应不仅仅是能释放出足够能量的核反应,而且是唯一一种能够发生的具有重要意义的核反应。它就是氢聚变而不是任何其他反应。

1938 年,美籍德国物理学家贝特(Hans Albrecht Bethe,1906—2005)以他在实验室中对核反应的研究得出的结论为基础,并考虑到天文因素对太阳中心的影响,创立了他的理论,并用该理论研究出发生在太阳中心的一些细节情况。为此他获得了 1967 年的诺贝尔奖。

现在人们都认为大多数正常的恒星是在不断地进行氢聚变,作为一种能量来源它们可以持续几十亿年。最终,尤其是对质量较大的恒星而言,在恒星的中心,氦核还会进一步聚变成更重的核,如碳、氧、氖、硅,直至变成铁。(至此,整个变化过程便会停止,因为敛集率已经达到了最大值。)

已经经历了尽可能长时间的甚大质量恒星在聚变过程中会发现它们的能源已不足以支持其本身的外层重量。恒星便会坍缩,在这个过程中,留在外层中的所有的氢(与其他质量数比铁小的原子一起)会立即聚变,结果放出大量能量——我们将它称为超新星爆发。超新星爆发产生的许多物质通过爆发被喷入周围空间中,同时剩余物质又坍缩成被称为中子星的微小的天体,甚至会坍缩成更小的天体——黑洞。

现在,人们普遍认为,在宇宙开始形成时,只生成了氢和氦的核。那些更重的核只在恒星的中心形成,仅仅是因为一些大质量的恒星爆炸,才使这些更重的核加上尘埃、气体和物质碎片一起进入空间。事实上,超新星爆发产生了非常大的能量,这种能量足以使铁核被驱动"上坡",形成更重的核,直至变成铀,甚至超铀元素——因而也将这些元素倾注到周围的空间中去。

最终,这些因超新星爆发而向外散布的星际尘埃和含有重核的气体会形成新的恒星。这些新的恒星是第二代恒星。这些恒星和它们的行星包含着大量的重核。

太阳就是这种第二代恒星。而地球以及我们自身则几乎全部是由在巨大的恒星中心形成,然后通过巨大的爆发散布到空间中去的重核组成的。

既然氢聚变产生的能量远比天然放射性产生的能量大得多,而且比天然放射性迅速得多,那么为什么它不会自发发生呢?在地球上,铀和钍会缓慢地蜕变成质量更轻的核,甚至非常偶然地也会发生自然裂变,但是氢却始终保持稳定,不会显示出任何产生聚变的迹象。

要想知道其中的道理并不难。像铀和钍那样的重核,它们拥有的质子和中子全部都挤在一起。任何可能在它们之间发生的变化也就容易发生。然而,氢的聚变就不一样了。2个氢2核或者说4个氢1核,相互之间是分别存在的,必须拥有足够的能量才能粉碎电子壁垒,克服核与核之间的相互斥力,然后才能以足够的力对其进行撞击,从而激发聚变。在通常的温度下,它们的运动所含的能量简直还只不过是所需能量的一个最小零头。

为了提供所需的能量，必须将温度升得非常非常高——实际上要达到几百万度。那时才能将氢压缩到很高的密度，当氢核在将它们分开的异常小的距离内上下左右颤动的时候，可以产生大量碰撞。

这种情况在恒星的中心是可以满足的。1926年，爱丁顿提出了令人信服的论点。他认为太阳完全呈气态。在太阳的中心，温度和压力都非常高，足以使原子分裂，电子也都被压碎，核可以自由地相互接近。

现在我们已确信，太阳中心温度约为15 000 000℃，其密度大约为每立方厘米160克，或者说约为金密度的8倍。(另外，太阳的中心呈气态，因为原子被分裂，核能够自由运动，就像正常原子在普通的气体中所做的那样。)其结果是，在太阳中心，核聚变发生在氦构成的小核心表面——这里的氦包括作为太阳原始组成部分的氦加上在过去45.5亿年间发生的氢聚变另外生成的氦。

如果我们想要在地球上产生聚变反应应该怎样做呢？怎样才能使我们获得足够高的温度和压力呢？

当人们发明了裂变炸弹时，就可能已经看到这就是一种获得必要的温度和压力的方法。如果在裂变炸弹中包含一定量的以某种形式存在的氢，那么最初时刻的裂变反应也许会使氢的温度和压力升高到引发聚变反应所需的值。

1952年，美国和苏联两国都研制成功了核聚变炸弹，人们更普遍地称它们为氢弹。有时它也被称为热核炸弹(thermonuclear bomb，这里的前缀thermo源于希腊语中意为"热"的单词)，因为聚变炸弹是由极高的热引发的，而不是通过中子轰击引起的。

聚变炸弹产生的巨大能量会引起非常非常猛烈的爆炸，这种爆炸的威力实在太大了，以至于只要它被随意地用于任何战争，文明几乎会在一瞬间就被彻底毁灭；在通常情况下毁灭的也许是人类，在极端情况下，大多数甚至所有生命都将毁灭。

事实上，太阳本身就是一枚巨大的聚变炸弹，但是它不会炸开来。太阳的质量是地球的333 000倍，它有一个巨大的引力场，使得聚变产生的巨大而猛烈的能量都维持在其内部。因而我们能沐浴在这枚宇宙炸弹祥和而又温暖的阳光里——这都是因为我们处于离它9300万英里(约1.5亿千米)的安全距离处。

那么核聚变是否能够以一种受控的方式激发并进行呢？能不能使它慢慢地产生能量而使得能量可以被利用，从此不再具有破坏作用呢？如果能以一种切实可行的方式使之成为现实的话，那么我们将获得一种新的核能形式，在这种形式中，其燃料的获得与处理都会比较简便。这样就不再需要从含量极低的矿石中提取铀和钍了，我们只要从海洋中提取氢2就可以了。(氢2比普通的氢1少得多，但氢2更容易产生聚变，尽管它比较少，但足够我们用上几十亿年。)

另外，裂变能所需的最低限度的裂变燃料的数量也相当大，如果控制不当，会产生难以控制的反应并有可能产生熔化。而聚变能只需少量燃料即能维持，从而会使发生重大事故的可能性永远成为历史。最后，聚变能不会像裂变能那样产生大量的放射性废料。

然而，为了产生可控核聚变，我们必须使氢2承受高温和高压。但是我们还不能很好地控制压力，目前还必须使温度升得尽可能高，同时还要将氢限制在磁场的范围之内。

科学家们为了产生可控聚变已经在实验室中努力了30多年，已经几乎接近——但尚未达到——这一目标。

蜕变粒子

前面曾经提到，氦4是特别稳定的核。这样，宇宙在形成后不久就生成了4种最简单的核。首先存在的是氢1,因为它的核仅含1个质子;加上1个中子后它就成了氢2(含1个质子和1个中子);再加上1个质子就成了氦3(含2个质子和1个中子);再加上1个中子就成为氦4(含2个质子和2个中子)。氢2和氦3虽然是稳定的核,但它们的敛集率颇低,这就是为什么在宇宙早期的条件下它们具有变成稳定的氦4的强烈趋势。结果,在当今的宇宙中,有90%的原子是氢1,9%是氦4,所有其他原子加在一起才占了剩下的1%。

此外,早期宇宙从来没有超过氦4级别的核,因为氦4非常稳定,它实际上没有可能增加任何质子、中子或另外的氦4。那些能够形成的核——锂5(含3个质子和2个中子)、氦5(含2个质子和3个中子)或铍8(含4个质子和4个中子)——都是很不稳定的,它们的半衰期在任何场合下都只有百万亿分之一秒到少于十万亿亿分之一秒之间。因此,所有质量数超过4的核都只能在恒星的中心形成(就像我在前面提到的),那里的条件不但有可能形成,而且极有可能。

在那些质量数较高的核中,凡是可以看作以氦4为单位组成的核都特别稳定。如碳12(含6个质子和6个中子——相当于3组氦4)相互就结合得很紧。氧16(含8个质子和8个中子——相当于4组氦4)也一样。这两种原子具有的敛集率都比相邻的原子低。

随着核的质量渐渐变大,氦4的影响也渐渐减小。尽管如此,这一类核如氖20(含5组氦4)、镁24(含6组)、硅28(含7组)、硫32(含8组)和钙40(含10组)也都特别稳定。所有这些核,从氦4到钙40,都是它们的元素中最普通的同位素。

然而,对于钙40以上的元素,氦4单元似乎失去了它的稳定性效应。显然,随着核中含有的质子数的增加,它不再满足于具有相等数量的中子数从而使核保持稳定,而必然会拥有过剩的中子。

因此,在最普通的铁同位素铁56中,就含有26个质子和30个中子,使得中子数与质子数之比值为1.15。而在锡118这个锡的最普通同位素中,含有50个质子和68个中子,其中子数与质子数之比值为1.36。在金197这个唯一稳定的金的同位素中,含有79个质子和118个中子,其中子数与质子数之比值为1.49。最重的稳定核是铋209,含83个质子和126个中子,其中子数与质子数之比值为1.52。

超过铋209的元素,多余的中子已不足以保持核的稳定。因此,铀238含92个质子和146个中子,其中子数与质子数之比值为1.59,但是,即便有如此多的剩余仍不足以使核保持完全的稳定。

美籍德国物理学家格佩特-迈耶(Maria Goeppert-Mayer,1906—1972)解决了为什么有些稳定核会比另一些稳定核更加稳定的问题。她提出,原子中存在着核壳层和子壳层,就像存在电子壳层和子壳层一样。她计算出了填满这些壳层所需的质子数和中子数,并指出,由填满的壳层组成的核比其邻近的核更加稳定。

填满核壳层所需的数就是壳层序数,有时被称为**幻数**。(这后一种叫法是不适当的,因为科学上并不存在"幻术"——但是科学家们也像普通人一样总想引人注目。)德国物理学家詹森(Johannes Hans Daniel Jensen,1907—1973)与格佩特-迈耶同时独立地得出了壳层序数的概念,他们两人为此分享了1963年的诺贝尔奖。

当一个重核因为太重而变得不稳定时,就会有一种自然的趋势,即为了减小质量而失去粒子,从而变成更加稳定的核。要想达到这样的目的,一个有效的方法是放出α粒子(氦4核),即将它看作蜕变粒子。这种核本身抱得很紧,因此很容易作为一个单元被一起放出,一次就会使质量数减去4。所以铀238、铀235、钍232、镭226和其他许多比铋209重的核都会放出α粒子。

比铋209轻的核通常不会放出α粒子。钕144大概是能放出α粒子的最轻的一种核,但由于它的半衰期约为2000万亿年,因此很少放出α

粒子。

当然,放射性原子在蜕变过程中经常会放出β粒子,这又提出了一个问题。20世纪20年代,承认β粒子的存在有力地证明了核中含有电子。如果有一枚1角的硬币从你的钱包中掉出来,那么,前提必须是开始时在你的钱包中已经有一枚1角的硬币。

然而,日常生活中的这种类比并不总是对的,这就是为什么将"常识"应用到科学上往往会是一种危险的误导。到了1932年,科学家们还确信核中仅含有质子和中子——没有电子。那么β粒子是从哪里来的呢?如果核中不含电子,那么我们只能假定它是从某个地方生成并立即被释放了。但这究竟是如何发生的呢?

假定我们认为中子之所以是不带电荷的粒子,并非因为它不带电荷,而是因为它所带的正电荷和负电荷相互中和了。如果负电荷在形成电子时被释放了,那么正电荷就会留下,因此中子就会变成质子。(实际情况还要复杂得多,这一点会在后面谈到,这里先提出这种观点。)

那么为什么会发生这种变化呢?在我们发现的各种稳定核中,并不都会发生这种变化。到了20世纪30年代,任何人都能说出那些在一定周期内,甚至永远保持不变的核。然而,还是存在一些会放出电子的核——有些放得较慢,有些较快——每放出一个电子,核中就会有一个中子变成质子。为了解答这个问题,让我们假定对于给定原子序数的核,必须含有固定的等于其原子序数的质子。此外,如果核是稳定的,那么它必须含有一定的中子数。有时候只有一种特定的中子数才能使核保持稳定。因此,对于氟而言,每个原子核必须具有9个质子和10个中子才能使其保持稳定。

然而,有时在涉及中子数的地方也会有一定的灵活性。这样,每个氮核必须有7个质子,但它可以有7个或8个中子,而且都是稳定的。每个氧核必须有8个质子,但它可以有8、9或10个中子,而且都是稳定的。(对于锡而言,有10种不同的中子数,其中任何一种都保持核稳定。)

但是,如果一个核中拥有太多的中子是否还有可能保持稳定性呢?例如,氢1是稳定的,它的核由唯一一个质子组成。而氢2的核由1个质子和1个中子组成。氢2不如氢1稳定,但不管怎么说它还是稳定的——如果任其自然的话它会长期保持不变。

(一个核不如另一个核稳定,它怎么还能保持稳定呢?设想有一枚放在桌子中央的硬币,如果不去动它,它会永远放在那里。另外也许还有一枚硬币被放在桌子的边缘,如果一直保持稳定的话,它也会永远放在那里。如果敲击一下桌子,使硬币离开桌面,那么位于桌子边缘的那枚硬币其稳定程度就不如桌子中央的那枚硬币。同样道理,氢2就比氢1更容易产生聚变反应,这就是两者虽然都是稳定核,但在宇宙中氢2要比氢1少得多的原因。)

氢3的核由1个质子和2个中子组成,是不稳定核;因为它含有的中子太多。人们也许希望使氢3核放出1个中子,但是这需要很高的激发能量——通常情况下的能量是无法对氢3产生作用的。可以选择的第二个办法是将氢3核的2个中子中的1个变成质子,为此要放出1个β粒子。这只需要相当小的激发能;氢3的半衰期只有大约12.25年。氢3核放出β粒子后,核中含2个质子和1个中子,就变成了稳定同位素氦3。

同样,碳只有两种稳定同位素:碳12(含6个质子和6个中子)和碳13(含6个质子和7个中子)。1940年,美籍加拿大生物化学家卡门(Martin David Kamen,1913—2002)识别出多了一个中子的碳14(含6个质子和8个中子)。它放出一个β粒子,使一个中子转变成质子,从而生成稳定的氮14(含7个质子和7个中子)。另外还有许多这类例子。

中子比质子和电子加在一起还要重。因此,如果一个中子转变成一个质子并放出一个电子,那就肯定会出现质量亏损和能量耗散。那么,自由中子会不会自发地转变成质子并放出电子呢?

首先,对这种假说进行试验是很困难的,因为即使已经生成了中子流,这些中子通常总会在获得蜕变机会之前就与其他核发生撞击并被吸收。直至1948年人们才克服了这个困难,其方法是使很强的中子束穿过一个很大而且被抽空的圆筒形容器。该容器周围有一个环绕电场,因此只要有电子产生,这些电子的轨迹都会朝一个方向弯曲,与此同时质子的轨迹会朝另一个方向弯曲。此后科学家确实观测到了前面假设的蜕变现象,即一个中子大约以12分钟的半衰期蜕变成了一个质子和一个电子。(这种说法还不能代表所发生的全部事实,但现在讲这些已经够了。)

如果情况确实是这样,那么为什么每个核中的中子不发生蜕变,直至全部变成质子呢?显然,核内的中子与质子是紧密地结合在一起的,在这种情况下,如果中子的数量适中的话,那么这些中子都是稳定的。(有关这方面更详细的情况将在后面论及。)

当被分离出来的粒子发生自然蜕变时,似乎经常会导致质量减小——意味着中子会蜕变成质量更小的质子,但是,质子不能蜕变成质量更大的中子。

但在这种情况下质子为什么不蜕变成比它轻的电子,并将质量仅为其1/1836的电子作为能量释放出来呢?对于这个问题的答案是必须始终遵守守恒定律。例如,电荷守恒定律表明——如果在实验中得到的无数观测结果是可信的话——正电荷本身既不能产生也不能消失,对于负电荷也一样。

20世纪30年代,人们只知道有两种带电粒子,即带正电荷的质子和带负电荷的电子。(这种说法已不再成立,但让我们假定仍是如此并以此为基础来回答问题。我们可以在后面修正答案。)如果质子失去质量的唯一途径是转变成电子的话,那么质子的正电荷必须消失,并且必须产生电子所带的负电荷。因此质子不能蜕变为其他任何粒子,因为没有一种质量更小的粒子是带正电荷的(当时人们就是这么认为的)。

同样,电子也不能蜕变成更小的粒子,因为在20世纪30年代,人们知道的更小的粒子只有光子和引力子,而这两种粒子的质量和带电量均为0。电子要蜕变成这两种粒子中的任何一种都必须使其本身的负电荷消失——而这是不可能的。因此,电子也不可能发生蜕变。

请注意,当中子蜕变成质子时(无论是自由中子还是作为核的组成部分的中子),同时必定会形成一个电子。这样,不带电荷的中子(0)会形成一个正电荷(+1)和一个负电荷(−1)。两个电荷同时生成,加在一起仍为0,即0=(+1)+(−1)。(电荷守恒定律允许产生或消除一对相反的电荷,但不允许只产生或消除其中的一个电荷。)

那么我们也许会问,为什么光子不能转换成引力子或引力子不能转换成光子呢?对于这两种粒子,不需要担心电荷的问题。不过还存在着自旋和角动量的问题。角动量守恒定律告诉我们,自旋既不能产生,也不能消失。自旋为1的光子不能蜕变成自旋为2的引力子,反之亦然。也许还存在着其他因素会阻止这种转变,但就其本身的自旋这一个方面而言就已足够了。

因此,20世纪30年代初期,人们认为宇宙也许只由5种已知的粒子组成,其中4种分别为质子、电子、光子和引力子,它们都是稳定的。而第5种粒子,即中子则是不稳定的。然而,这种观点并没有坚持很长时间。

第八章

反 物 质

反 粒 子

组成宇宙的各种粒子——质子、中子、电子、光子和引力子——在某些方面看起来很奇怪。质子的质量为电子的1836倍,为什么质子会带正电荷而电子却带负电荷呢?

这两种粒子的质量相差这么大,尽管它们所带电荷的性质相反,但大小却是完全相等的。我们可以说,这是因为氢原子是由一个位于核内的质子和一个位于核外的电子组成的,因而完全呈中性。人们从来没有探测到多余的电荷,不论是正电荷还是负电荷,哪怕是最微弱的也没有。

科学家们从未发现过这两种电荷在本质上有什么差别,从而必然使得电子的质量是如此之小,而质子的质量却大得多。简单地说,质子和电子组成了一对不太可能而又令人困惑的粒子。

到了20世纪20年代后期,这种困惑开始变得更加集中,当时狄拉克试图通过解出电子波特性的数学表达式来研究电子的性质。在他看来,电子应该以两种能量状态中的一种状态存在,而这两种状态是相反的。很自然,狄拉克首先想到的就是电子本身代表一种能量状态,而质子则代表另一种相反的状态。如果这是真的，那将是令人欣喜的，因为这将使宇宙变得更加简单，也就可以说电子和质子只不过是一种基本粒子的两种不同状态。

然而，这种想法完美得不可能成为现实，因为狄拉克很快便看出，除非两种状态在各个方面都完全相似，而只有某个决定性的方面不一样，否则方程式不可能真正得到满足。这两种状态必须互为镜像，可以说就像你的两只手，除了一只手的大拇指朝右，另一只手的大拇指朝左以外，其他所有方面都是完全相像的。

如果电子中的电荷属于镜像变化——一种状态下为正而另一种状态下为负——这就是唯一可以变化的方面。其他任何方面都必须是完全相同的。在两种状态下，不仅电荷的大小应该相同，而且它们的质量也应该相同。1930年，狄拉克提出，必定存在一种粒子，除了携带一个大小与电子的负电荷完全相同的正电荷以外，其他所有方面均与电子完全一样。

根据同样的论点也可以得出类似的结论，即必定存在一种粒子，除了携带一个大小与质子的正电荷完全相同的负电荷以外，在其他所有方面均与质子完全一样。

通常，如果一个粒子与另一个粒子完全相像，只是在某一个关键方面相反，那么我们称它为反粒子（antiparticle，这里的前缀anti源自希腊语中的"相反"一词）。带正电荷的电子应为反电子，而带负电荷的质子则为反质子。

如果粒子与反粒子相遇，就像两个相反的波（一个向上时另一个向下，反之亦然）相遇。正如两个波能相互抵消成一条既不向上又不向下的直线，使得波完全不存在一样，粒子和反粒子也会互相抵消而使粒子完全不存在。这种现象被称为相互湮没。

有意思的是这种现象并不违背电荷守恒定律，因为当粒子和反粒子相遇时,两个粒子的总电荷为(+1)+(-1),即为0。一旦它们相互湮没,电荷仍保持为0;因此这并不违背守恒定律。只有**单独的**正电荷或**单独的**负电荷是既不能产生又不能消失的。而正电荷与负电荷**一起**则是能够不限量地产生或消失的。

当然,在相互湮没的过程中,只有电荷消失了,因为电荷是粒子和反粒子唯一性质相反的部分。粒子和反粒子具有相同的质量,这两份质量都不能消失。然而,质量是能量的一种形式,它可以改变其形式。那么,在相互湮没的过程中,会放出带能量的γ射线,这个能量完全等于湮没之前所存在的质量。

相反的变化也会发生。如果能将足够的能量集中到一点,那么它也能转换成质量。然而,在发生这种变化时,不会形成单独的粒子或单独的反粒子,因为这两种情况都会凭空产生电荷。粒子和反粒子只能同时产生,而使总电荷保持为0。这种现象被称为对产生(pair production)。

狄拉克的理论从数学上来看是极其有趣的,然而,数学,无论它多么有趣,如果不能与事实相符也就没有太重的分量了。例如,科学家们根据数学和理论上的种种理由确信,引力子(或引力波,这取决于你把它们看作粒子还是波)必定存在。可以肯定,从理论上讲引力波的能量是非常非常小的,因而几乎不可能探测到它们。(这就好像试图用一只活动扳手去拣一粒灰尘一样,在发明一把足够精致的镊子之前是不可能将灰尘拣起来的。)

这就是科学家们正想做的事情。尽管科学家们对引力波的存在非常肯定,还是有许多人倾注了他们的全部心血,试图建造出能真正探测到这种波的装置。经过多年的努力他们还是失败了。但是,科学家深信,总有一天他们会成功的。当成功降临时,它将为理论提供实际的观测结果,而对于探索者来说,这将意味着极大的喜悦并将获得诺贝尔奖。

因此,狄拉克关于反粒子的观点也是这样。在我们周围的世界中存在着无数个电子,但是,在狄拉克宣布他的理论时,还从来没有人观测到过反电子的存在。在确实探测到反电子之前,这项研究工作不可能受到全面认真的对待。然而,反电子很快就被发现了,实际情况表明即使没有狄拉克发表的结论人们也能探测到它。要想知道这是怎么一回事,我们就必须再回到前面。

宇 宙 线

带电的验电器其金箔被分得很开,但即使在附近不存在放射性物质时,它也会慢慢失去所带的电荷。早期的研究者对此并不感到有什么不对劲,因为在普通的土壤中,很有可能广泛分布着少量的放射性物质。纵然它们的存在量少到不能用通常的方法探测出来,但是偶尔产生的高速粒子还是会使验电器所带的电荷被放出一点,最终,验电器会被完全放电。

但研究者们发现,似乎没有办法能够使这种放电现象停止。纵然将验电器带到远离陆地的汪洋大海中,所带的电荷仍然会慢慢地放出。即使把验电器封闭在足以阻挡辐射通过的很厚的铅匣中,它还是会放出电,只不过放得比原来慢一些罢了。

奥地利物理学家赫斯(Victor Franz Hess,1883—1964)认为,可以用热气球把验电器送入高空大气中来对这一问题进行研究。因为当时认为放射源几乎全部在土壤中,使验电器移至远离土壤的高空应该会比迄今为止采用的任何其他方法更加有效地阻止放电。

1911年,赫斯进行了10次气球升空实验中的第一次实验,将验电器升至离地面6英里(约9.65千米)的高空。使他感到惊讶的是他发现,验电器升得愈高,放电愈快。赫斯无法解释这一现象,除非认为肯定有来自外层空间的非常强的穿透性辐射。因为这一新发现,赫斯分享了1936年的诺贝尔奖。

1925年,美国物理学家密立根(Robert Andrew Millikan, 1868—1953)对这种来自高空的穿透性辐射产生了兴趣,并给这种辐射取了个名字——宇宙线,因为它们好像起源于宇宙中的某个地方。密立根似乎十分肯定,宇宙线是电磁辐射的一种形式,与γ射线相比,它的波长更短,因此能量更高,穿透性也更强。

另一方面,康普顿却怀疑宇宙线是带电荷的亚原子粒子流,如果它以足够高的速度运动,也能具有比γ射线更强的穿透性。(这类似于前一代人对于阴极射线究竟是波还是高速运动的粒子的争论。)

那么怎样才能解决这个争论呢?如果事实像密立根认为的那样,宇宙线是一种电磁辐射,那么它们应该是不带电的,且不受地球磁场的影响。如果来自天空各个部分的射线量相等的话,则到达地球表面各个部分的射线量也应是相等的。然而,如果宇宙线是带电粒子,那么它们就会受地球磁场的影响而发生偏转,离地球的赤道愈远,愈是靠近地磁极,射线的量就会愈多。换句话说就是纬度愈高,宇宙线愈集中。这种现象被称为纬度效应。

康普顿为了证实是否确实存在纬度效应而走遍了整个世界,测量世界各地宇宙线的分布情况。到20世纪30年代初,他已能够证实纬度效应**确实**存在,而且宇宙线**确实**是一种带电粒子。

1930年,意大利物理学家罗西(Bruno Benedetto Rossi, 1905—1993)指出,如果宇宙线带正电荷,那么来自西方的射线量应比来自东方的多。如果它们带负电荷,则情况相反。1935年,美国物理学家约翰逊(Thomas Hope Johnson, 1899—1998)证明来自西方的宇宙线量比较多,因此宇宙线粒子带正电荷。

现在我们已经知道,宇宙线粒子是来自恒星的高速运动的原子核。这些恒星主要由氢组成,宇宙线粒子也主要是氢核,也就是质子。宇宙线中也包含一些氦核和其他微量的更重的核。

我们的太阳会发射出恒定的高速质子流和其他带电粒子,就像罗西在20世纪50年代验证的那样。现在这被称为太阳风。它在太阳表面产生特别激烈的扰动,例如太阳耀斑,会形成比正常情况下能量更高的粒子簇射。能量愈高,速度也就愈快,当它们的速度接近光速时,就属于宇宙线粒子。太阳偶尔也能发射勉强属于这一类的粒子。

比太阳更热、活动更剧烈的恒星会更大量地发射宇宙线粒子;超新星爆发是特别好的宇宙线粒子源。一旦宇宙线粒子高速穿过宇宙空间,则它们会被加速并使能量变得更高。

结果宇宙线粒子具有的能量比从放射性物质中获得的辐射能量更高。这就为核物理学家们提供了一种新的更加有力的工具,因为宇宙线粒子能够引发一些核反应,而这些核反应是放射性辐射因能量不够而不能引发的。

然而,它也有不足的一面,宇宙线粒子不像放射性物质那样易于控制。放射性物质可以在实验室中进行浓缩和实验;放射性辐射可以任意调配并仔细地瞄准目标。而宇宙线粒子是按照它们自己的规律来到地面的,只能通过爬上高山或热气球升空来获得更集中的宇宙线粒子。

美国物理学家安德森(Carl David Anderson,1905—1991)是密立根的一个学生,也在研究宇宙线。他让宇宙线穿过云室,希望能根据它们形成的雾滴曲线轨迹来了解一些有关射线的性质。但是,由于宇宙线的能量很强,它们穿过云室的速度实在太快,根本来不及对磁场作出相应的反应而产生明显的弯曲。因此,安德森设计了一个穿过中心有一个铅质屏障的云室。宇宙线撞到屏障上时所具有的能量足以穿过屏障,但在此过程中也会失去足够的能量,从而能对磁场作出相应的反应,产生明显的弯曲。

1932年,安德森指出,穿过铅质屏障的宇宙线显示出的弯曲轨迹看起来非常像高速运动的电子形成的轨迹,只是弯曲的方向错了。安德森意识到,他观测到的粒子其轨迹就像电子一样,但却是带正电荷的。这就是2年前狄拉克从理论上提出的反电子。为此安德森与赫斯共享了1936年的诺贝尔奖。

安德森发现的粒子被称为正电子(positive electron 或者 positron)。按照我的观点,positron 这个词的格式是错的,也是一个很差的选择。因为亚原子粒子名称的后缀一般都是 on,例如电子(electron)、中子(neutron)、质子(proton)、光子(photon)和引力子(graviton)。electron 和 neutron 中的 r 属于词根,表示**电和中性**。由于这一原因,如果要给正电子取一个亚原子名字,它应叫做 positon,词中不应带 r,因为 positive(正)中就不含 r。此外,无论是 positon 还是 positron,这类名称都隐含着与电子的关系。因此,这种粒子应该被称为 antielectron(反电子)。对于所有粒子都无例外,在粒子名字的前面加上前缀 anti 就是它们的反粒子。但是,positron(正电子)这个名字毕竟已经得到普遍使用了,因此人们不希望再改名字。

(这种事情是经常会发生的,对于一件事物或一种现象,开始时由于无知或裁决不当给它起了一个不恰当的名字。有时候它能得到及时更正,但是往往由于这个选择不当的名字已经被非常广泛地使用,再要对它进行更改已变得很不方便,甚至不可能了。)

正电子的特性就像狄拉克理论假设的那样。当它与周围环境里的大量电子中的某个电子相遇时,就会迅速地相互湮没,产生 γ 射线,射线的能量刚好与电子和正电子相加的质量相当。人们也很快发现,如果让 α 粒子撞击铅壁,粒子的部分能量能够转变成一个电子—正电子对,其轨迹朝相反的方向弯曲。这又将我们带回到前面曾提出过的问题。如果我们拥有的放射性同位素中所含的中子数对于维持核的稳定性而言太少的话会产生什么后果?

要另外产生一个中子的最简单的办法是使核内的一个质子转化成中子。其结果是使核增加一个中子并减少一个质子,这也许就是为了满足稳定性的要求。

举一个例子,磷30的核中含有15个质子和15个中子。而磷唯一稳定的同位素是磷31,在它的核中含有15个质子和16个中子。换句话说,磷30要保持稳定性,它所具有的中子太少。然而,假定磷30核中的一个质子转变成了中子。质子所带的正电荷不可能消失(根据电荷守恒定律),因此它必然在其他地方出现。如果核放出的是一个正电子——一种带正电荷的β粒子,结果又会怎样呢?这时必须注意消除正电荷。如果磷30放出一个正电子,那么它的核中不再具有15个质子和15个中子,而是14个质子和16个中子,这就是稳定的硅30。

因此,当约里奥-居里夫妇于1934年发现以磷30的形式存在的人工放射性时,它们同时也产生了一种新类型的辐射,结果就生成了高速运动的正电子流。这也是一种生成正电子的方法,而不需要用宇宙线或α粒子去轰击。他们已经形成了一种缺中子核,它会进行放射性蜕变。

一个核放出正电子产生的结果正好与放出电子相反。既然放出电子会通过一个中子另外形成一个质子而使原子序数增加1,那么放出正电子就会因一个质子转变为中子而使原子序数减少1。

这似乎是一个难题。因为中子比质子略微重一些,我曾经强调过,中子会自发地蜕变为质子,而质子则不会“向上”蜕变为中子。

然而,只有当我们论及的是自由粒子时这种说法才成立。在核中,质子和中子的存在是相互关联的,计算的是整个核的质量。在缺中子核中,若由于敛集率的增加使一个质子变成了中子,那么核的总质量就会减小。因而变化就会发生。

这就是造成某些特定的同位素不稳定的原因。不论是质子变成中子还是中子变成质子,只要核的总质量是减小的,那么元素肯定会发生相应的变化。无论是中子变成质子还是质子变成中子,只要使同位素的质量增加,那么元素肯定不会发生变化,同位素将保持稳定。

当核中的质子数为43或61时,无论有多少个中子,也无论中子—质子之间发生怎样的转变,其总质量总是减小,这就是锝(43)或钷(61)不存在稳定同位素的原因。

核内的一个质子可以转变为中子的另一种途径是由于核从其外围俘获一个电子,从而使核内的一个质子的电荷被中和而转变成中子。电子通常是从K壳层俘获的,因为该电子壳层离核最近。这个过程就是人们熟知的K(电子)俘获。这种现象首先是由美国物理学家阿尔瓦雷斯(Luis Walter Alvarez,1911—1988)于1938年观测到的。然而,发生这种现象的概率似乎比放出正电子还要小得多。

理论上没有理由可以解释为什么质子到中子的转变不可能逆转。要使核中的中子转变为质子,核不是放出一个电子,而可能要从附近俘获一个正电子。然而,这里唯一的麻烦是我们周围的普通物质中没有正电子存在,因此俘获正电子的概率为零。

粒子加速器

一旦反电子,或者说正电子生成并被观测到,科学家们觉得,完全可以确信反质子也必定存在。然而,单单确信是不够的,他们还想观测到一个确实存在的反质子。

不过反质子似乎在我们的周围并不存在,我们所要做的事情恐怕与发现反电子没有什么差别。它们必定会在某些类型的核反应中形成,然后被观测到,但是这说起来容易,做起来就难了。因为质子的质量是电子的1836倍,所以我们显然可以肯定反质子的质量也是反电子的1836倍。

科学家们通过使α粒子轰击铅壁形成了电子—反电子对，但是要形成质子—反质子对，则必须找到一种发射体，它能产生的α粒子的能量相当于完成上述任务的α粒子的1836倍。不幸的是根本不存在能量如此高的α粒子。

毫无疑问，已知的宇宙线粒子具有足够的能量来完成该项任务，但是它们的数量实在太少了，要想生成反质子，其数量是远远不够的。为使宇宙线这种稀少的粒子能够在被探测到的地方确切形成一个反质子，还要等待很长的时间。

然而，到了20世纪20年代末，物理学家们开始致力于产生他们自己的高能发射体。为了达到这个目的，必须从较重的粒子开始着手研究，因为高速粒子的能量是随着它质量的增加而增加的。这就意味着至少应选择像质子那样重的粒子。作出这样的选择是很自然的，因为要想获得质子，只须从氢原子中除去外层电子即可，而要完成这项工作是没有多大问题的。当然，α粒子的质量更大一些，但它们是从氢核中获得的，而这是一种比氢稀少得多的物质，而且要想分离出氢的裸核也要困难得多。

仅仅提供质子还是不够的，还要使它们穿过电场得以加速，从而使它们运动得更快。电场愈强，质子的加速就愈明显。如果经过加速的质子能够将原子核击碎，那么就有可能发生核反应。在进行该项研究工作的初期，报纸上把能完成这种工作的装置称做原子击破器，但是这个术语过于夸张了，更严谨一些的名字应叫做粒子加速器。

世界上第一台实用的粒子加速器是由英国物理学家科克罗夫特（John Douglas Cockcroft，1897—1967）和他的同事、爱尔兰物理学家沃尔顿（Ernest Thomas Sinton Walton，1903—1995）一起于1929年发明的。他们用自己发明的粒子加速器，让高能质子轰击锂7（含3个质子和4个中子)的核,在此过程中,有一个质子撞入核内,并留在那里,从而形成铍8(含4个质子和4个中子)。然而,铍8是极不稳定的,它在大约十万亿亿分之一秒内就分裂成2个氦4核(含2个质子和2个中子)。这是第一个由加速粒子引发的核反应,为此科克罗夫特和沃尔顿共享了1931年的诺贝尔奖。

在这项伟大的发明诞生之后的几年里,人们又研制出了一些其他类型的粒子加速器。1930年,美国物理学家劳伦斯(Ernest Orlando Lawrence, 1901—1958)得出了一个非常有用的结论。他发现,一个普通的电场会使一个质子沿直线向前逐渐加速,并迅速穿过电场而无法再被加速。要想使质子继续加速则电场必须延伸很长的距离。

劳伦斯发明了一种方法,就是使电场不断前后翻转,从而强迫质子先沿一个曲线轨迹运动,然后再沿另一个曲线轨迹朝相反的方向运动,从而完成一个"循环",并使质子仍完全保持在电场的范围之内。通过这种一次又一次地往返,粒子将会沿着慢慢扩大的圆圈运动。虽然随着圆圈的扩大粒子必须经过愈来愈长的距离,但是它们会逐渐加速,以保证在同样长短的时间内完成一次循环,并与不断前后翻转的电场保持同步。因此,在一个相当长的时间内粒子会保持在电场范围内,而且即使这样,装置本身也不会太大。按照这种方法,一个较小的装置就能使粒子达到意想不到的高能状态。劳伦斯把他的这种装置称为回旋加速器,并因为这项发明而获得了1939年的诺贝尔奖。

此后人们又迅速建成了更大和更强的回旋加速器。由于在加速器研制过程中采用了新设计,使电场变得更强,因而粒子运动的速度也更快。这就使得粒子沿着更加紧密的圆圈运动,而不会冲出电场,除非科学家准备让它们出去。这类质子同步加速器使粒子具有更高的能量。这就有可能建成双循环装置,在这个装置中,粒子可以沿相反的方向运动,最终迎面相撞。这样就能使以前通过单一的粒子流对一个固定物体进行撞击而产生的能量加倍。

1987年,美国开始考虑耗资约60亿美元来建造超级超导对撞机,在这种粒子加速器中,被送入的粒子将要绕着52英里(约83.6836千米)长的轨道运动,产生的能量相当于目前最强的一种粒子加速器的10倍。(在本书的后面将会提及人们想通过这种强劲得不可思议的装置得到什么。当然,确实存在着非常特殊的宇宙线粒子,这种粒子具有的能量甚至是这种加速器产生的粒子能量的几百万倍,但是要等到这种粒子出现还需要很长的时间,可以说是守株待兔。)

早在20世纪50年代人们就已经建成了足够强大的粒子加速器,它所产生的粒子所具有的能量足以形成质子—反质子对。显然,如果用它们去撞击适当的目标,这种高能粒子就会引起各种核反应,并能产生各种类型的粒子。这时如果让这组不同种类的粒子经过一个磁场,所有带正电的粒子会偏向一个方向,而所有带负电的粒子会偏向另一个方向。最重的带负电的粒子就是预期的反质子;它的轨迹应该弯曲得最小。在离目标很远的地方,所有的粒子都会蜿蜒离开磁场,只有反质子(如果形成的话)仍在磁场中。

1955年,锝元素的发现者、如今已是美国公民的塞格雷与美国物理学家张伯伦(Owen Chamberlain,1920—2006)一起用这种方法找到了反质子,为此他们分享了1959年的诺贝尔奖。

重　子

尽管反电子(正电子)一旦形成便会立即与遇到的第一个电子相互湮没而消失,但认为反电子是一种稳定粒子也是很客观的。据我们所知,反电子如果**任其自然**的话,会始终保持为反电子。它永远不会自发地变成任何其他东西。

因此,在任何亚原子粒子自发变化的过程中,必定包含着质量损耗和质量转换成能量这些过程。而电子在其被发现将近一个世纪后,却依然是已知的带一个负电荷的最轻的物体,而反电子则是已知的带一个正电荷的最轻的物体。到目前为止我们所知道的那些比电子或反电子轻的粒子,都是没有质量的——而且没有一个是带电荷的。因此,根据电荷守恒定律,电子或反电子是不可能发生任何自发变化的,尽管它们可以通过抵消各自所带的电荷相互湮没。

可是现在又出现了新的问题,即质子为什么是稳定的?在人们还不知道有反电子存在的时候,还以为质子是能够带一个正电荷的最轻的物体,因此根据电荷守恒定律它必定是稳定的。然而,到了1932年以后,这种观点已经不再是正确的了。质子为什么不能蜕变为反电子呢?因为即使质子的质量几乎全部转化为能量,其正电荷仍然能够存在。同样的道理,为什么反质子不能蜕变成电子呢?答案是它们恰好不能(这也是一件幸运的事,要不然像现在这种构造的宇宙根本不可能存在,我们人类也不可能存在)。

根据这些粒子不会以这种方式蜕变的事实,同时根据科学家开始对各种亚原子粒子进行研究以来的几十年间积累的所有有关核反应的数据,得出这样的结论似乎是很合理的:使质子保持稳定的是某个守恒定律。如果不是电荷守恒定律,那么必定是别的什么守恒定律。

电子和正电子是轻子(lepton,源于希腊语中表示"小"的单词)的两个例子;它们的质量很小。质子、中子和反质子是重子(baryon,源于希腊语中表示"重"的单词);它们比轻子要重得多。使质子保持稳定的守恒定律是重子数守恒定律,其规律如下:质子和中子各自具有的重子数均为 +1,而反质子的重子数为 -1。由于电子和反电子都不是重子,因此它们各自具有的重子数均为0。一个质子和一个反质子合起来的总重子数为(+1) + (-1)=0。因此,这两种粒子可以相互湮没,既没有留下质子,也没有留下反质子,因为总重子数为0,这就是它们的出发点,是符合重子数守恒定律的。同样道理,大量的能量能够产生一个质子—反质子对——之前重子数为0,之后重子数也为0。还是没有违反重子数守恒定律。(这两种情况也都没有违反电荷守恒定律。遵守一个守恒定律并不意味着你不必遵守另一个守恒定律。**所有的**守恒定律,只要在它适用的场合都必须遵守。但我们还会看到,有些情况下守恒定律也许**不**适用。)

中子(重子数为 + 1)能够蜕变成略轻一些的质子(重子数为 + 1)和电子(重子数为0),这不违反重子数守恒定律,也不违反电荷守恒定律。

然而,单个质子(重子数为 + 1),如果不违反重子数守恒定律,是不能蜕变成正电子(重子数为0)的。尽管这没有违反电荷守恒定律,但这还是不够。同样的道理,单个反质子(重子数为 – 1)似乎也不能蜕变成电子(重子数为0)。

当然,你也许会问:**为什么**会存在这样的守恒定律。当时,科学家们还不能回答这个问题。他们所能说的只是观测到的核反应证实了这种守恒定律的存在。(然而,最近几年关于这种定律是否是绝对正确的,以及在某些特定情况下是否可以不遵守这种定律,已经出现了问题。)

质子能保持稳定是因为它是质量最轻的重子,只要不失去它的重子形态它是不会发生蜕变的。而反质子能保持稳定是因为它是质量最轻的反重子。当然,无论何时,当你有了一个守恒定律之后,你一定要注意是否有任何明显违背该定律的地方,因为那有可能会透露一些新的事实,或者是对定律的必要修正,以使得定律变成一个更加完美(即"更加恰当"和"更加美妙")的宇宙规律。

例如,1956年,当一群科学家发现下述现象时,显示出重子数守恒定律有可能被违背,因为他们发现,当质子与反质子擦肩而过,但未实际相撞时,各自所带的电荷有可能相互抵消,而留下的显然是未曾接触过的粒子。

它们都不带电荷,也就是说质子和反质子都变成中性的了;那么也许可以认为它们都变成中子了。其实不然。质子与反质子结合后重子数应为0,而两个中子的总重子数为+2,那怎么行呢?

答案只能是假定在电荷相互抵消时,质子变成了中子(重子数为+1),而反质子变成了反中子(重子数为-1)。质子—反质子对(重子数为0)变成了中子—反中子对(重子数为0),这样仍能遵守重子数守恒定律。

但是怎样才能有反中子呢?反电子具有与电子相反的电荷,反质子也具有与质子相反的电荷,那么中子与反中子的差别在哪里呢?

虽然中子和反中子两者总体上都不带电荷,但总会零星分散着一些小的局部电荷,对整个粒子来说电荷是平衡的(就像我们将要看到的那样)。中子和反中子两者的自旋,以及自旋对小的局部电荷的影响是生成一个小的磁场。中子的北磁极指向某个方向,而反中子的自旋方向与中子相同,但其北磁极指向另一个方向。因此这两个磁场的方向是相反的,而不是自旋相反。这就是中子与反中子的差别。

质子、中子和电子组成了原子、行星、恒星——我们知道的所有物质。如果反质子、反中子和反电子都在它们自己所在的地方大量存在,毫无疑问,它们会发挥质子、中子和电子的所有功能。这些反粒子就会形成反原子、反行星、反恒星,总的来说会形成反物质。

这并非很完善的理论,但确实存在一些(公认是非常简单的)观测结果支持这种观点。1965年,1个反质子和1个反中子结合,形成了反氢2核。后来,2个反质子和1个反中子结合,形成了反氦3核。(实际上都是相当简单的一种反核。)

假如我们考虑到各种守恒定律,那么我们知道,无论产生多少宇宙物质,必定会同时生成等量的反物质。如果真是这样,那么它们在哪里呢?

我们当然知道地球完全是由物质组成的。事实上,我们可以肯定,整个太阳系,甚至我们所在的星系也都是完全由物质形成的,至于反物质,即使存在的话也只有很少一点点。如果情况不是这样,那么物质和反物质之间时常会发生相互作用,因而会不断地形成γ射线。事实上我们并没有探测到预期的来自外层空间那么多的γ射线,如果星系含有大量反物质的话,γ射线的数量应该有那么多的。

有些科学家已经提出,"原始"的物质和反物质形成后是以某种形式分别存在的,因此即使是现在,仍然存在由物质组成的星系团和由反物质组成的反星系团。由于它们是保持分离的,因此不能产生足够量级的γ射线。然而,即使是这种观点似乎也不大可能,因为如果情况确实如此,那么在宇宙线粒子中,通常应该具有相当多的反质子和反核,其中有些肯定来自其他星系——但它们并不存在。

事实也许是从一开始就形成了两个宇宙,其中一个是由物质组成的,而另一个(反宇宙)是由反物质组成的,而两者之间不可能有任何联系。毫无疑问,在这种情况下,反宇宙中如果存在有智慧的居民,他们肯定会认为他们自己的宇宙是由物质组成的,而我们居住的宇宙是由反物质组成的。我们有权保留自己的观点,而他们也有同样的权利保留其相反的观点。

然而,在最近几年,就像我们将要看到的那样,针对这个问题已有许多新的观点被提了出来。科学家们正想考虑这样的可能性:从一开始,形成的物质和反物质的数量就是不相等的。

第 九 章

中 微 子

挽救守恒定律

对于理解核反应及亚原子粒子的特性,所有的守恒定律都是很重要的指示牌。任何违背守恒定律的现象都不应发生,因为只有这样才能将可能发生的作用限制在一定范围内。换句话说,守恒定律防止了发生总体混乱,事实上也告诉了科学家应该去探求解决什么样的问题。

因此,任何**看似**违背守恒定律的现象都是很令人不安的。当人们将守恒定律作为考虑问题的最基本、最重要、最不容侵犯的出发点时,情况更是如此。20世纪20年代人们对能量守恒定律产生的动摇就是一例。

通常亚原子粒子的特性完全符合该定律。假如一个电子与一个正电子相互湮没,那么以γ射线的形式放出的能量刚好等于这两种粒子以质量形式存在的能量,加上它们相互接近时所具有的动能。当质子与反质子相互湮没时,情况也一样。

此外,当核发生放射性蜕变并放出α粒子时,新的核加上α粒子的总质量略小于原核。(这就是核最初以这种形式发生自发蜕变的原因。)

质量的减小是以放出的α粒子的动能的形式显示出来的。

这就意味着，通过放出α粒子进行蜕变的某特定同位素的所有核放出的α粒子，都以相同的速度运动，并具有相同的能量及穿透性。测量结果显示，生成的α粒子总是储有一定的能量。

偶尔，核在进行放射性变化时，会产生2组或2组以上的α粒子，它们以不同的速度运动，并具有不同的能量。这就意味着在这种情况下，核可以以2种或3种能级中的任一种能级存在。处于较高能级的核产生的α粒子的运动速度比处于较低能级的核产生的α粒子更快。

而涉及β粒子的情况就完全不同了。当核放出β粒子（这是一种高速运动的电子）时，新的核加上β粒子的总质量与原核的质量相比要略微轻一点。这种质量差应作为β粒子的动能来考虑。

β粒子有时运动得非常快，那是因为它拥有的动能刚好与亏损的质量相平衡。β粒子的运动速度绝对不会超过这个值，即不可能使产生的动能大于亏损的质量具有的能量。如果那样的话，就会凭空产生能量，从而违背了能量守恒定律。

然而，β粒子通常运动得比较慢，甚至比它应有的速度还要慢得多，即它的动能比用于平衡质量亏损所应产生的动能小。这种现象是违反能量守恒定律的；太少和太多同样都是问题。当核（全都是同一种类型的）通过放出β粒子发生蜕变时，它们生成的粒子具有的速度和动能都在一定范围之内。平均说来，β粒子的动能仅约为质量亏损应有能量的1/3。对那些最初研究这一现象的人而言，能量绝对是不守恒的。

科学家对β射线的速度范围进行了20年的观测和研究，但是仍然存在着无法解释的困惑。玻尔对此感到非常忧虑，他提出，能量守恒定律有时候也许可以放弃，至少在有关β粒子的场合。而少数物理学家已准备接受这种观点。（一个适用于所有情况而只有一个例外的普遍规律不应轻易被放弃，直到已作了各种努力来解释这种例外。）

1930年,泡利提出了一个有关β粒子释放能量守恒问题的解释性理论。他指出,无论何时,当核释放出一个β粒子时还会释放出第二种粒子,这种粒子无论多少总会带走一些电子未带走的能量。这两种粒子所具有的动能加在一起则刚好可以解释产生β粒子时的质量亏损。然而,泡利这种观点的唯一问题在于:如果会产生第二种粒子,为什么从来没有探测到呢?答案是:在中子转化为质子的过程中,电子带走了应有的所有电荷,因此第二种粒子必定是电中性的,它是一种比带电粒子更难被探测到的粒子。

中性较重的粒子(即中子)是通过将质子从核中撞击出来才被探测到的。这种能力可以帮助研究人员找到这种粒子。至于这种在产生β粒子时假定会产生的新粒子,它带走的很少的能量仅够满足它的速度需要;因而它几乎不可能有一点点的质量。事实上,有些β粒子被释放出时的速度已经能够满足核的**全部**能量损失,因此第二种粒子也许根本没有质量。

一种既不带电荷又没有质量的粒子似乎是很难被探测到的,但又不能以光子作为例子加以证实。虽然光子也是既不带电荷又没有质量,但它很容易被探测到。然而,光子是一种模糊的波包,在遇到任何细小的物质时很容易与之发生相互作用。那么,如果β粒子的同伴是一种瞬间粒子的话,难道不会与其他物质发生相互作用吗?

1934年,费米对这种粒子进行了研究,并为它取了个名字叫中微子(neutrino,源自意大利语"小中子"一词)。费米相当详细地研究了这种粒子应该具有的性质。他相信,这种粒子实际上是一种没有质量、不带电荷,而且几乎没有与其他物质发生相互作用倾向的粒子。它是一种"一无所有的粒子",人们有时会把它叫做鬼态粒子。它也可能并不存在,只是为了满足能量守恒定律——这是一种本身并没有给人留下非常深刻印象的观点。对于这种只是为了保全面子而提出的见解是可能会引起争议的(有些人确实对这种方式提出了异议)。如果挽救能量守恒定律的唯一方法是发明一种鬼态粒子,那么这种定律根本不值得挽救。但不管怎么说,中微子还挽救了其他一些守恒定律。

以一个不运动的中子为例,其速度为0;因此其动量(等于质量乘以速度)也为0。甚至在人们了解能量守恒定律之前,科学家就已经知道存在着动量守恒定律。换句话说,无论不运动的中子发生什么变化,它所产生的粒子的总动量必须保持为0——只要宇宙的其他部分不以任何形式进行干扰。

经过一定时间之后,不运动的中子会蜕变成质子和电子。电子会沿某个方向以很高的速度飞离,因而具有相当可观的动量。这时中子就变成了质子,以很慢的速度沿反方向弹回,但会具有较大的质量。在理论上,电子的动量(小质量×高速度)应该等于质子的动量(大质量×低速度)。如果这两个粒子沿截然相反的方向急驰,其中一个的动量为$+x$,而另一个为$-x$,那么两个动量相加即为0,因此是符合动量守恒定律的。

但是,实际情况并非如此。通常电子的动量很小,它和质子也不是沿截然相反的方向运动。这样就有一个微小的动量无法解释。如果我们允许中微子存在,那么它也许会沿该方向运动,不仅能解释失去的能量,而且能解释失去的动量。

此外,中子的自旋为$+1/2$或$-1/2$。假定它蜕变成一个质子和一个电子,没有其他东西。质子的自旋为$+1/2$或$-1/2$,电子也一样,那么质子和电子的总自旋应是$+1$、-1或0,具体取决于你所选取的正负号。因此质子和电子加在一起的总自旋绝不可能像原核那样,为$+1/2$或$-1/2$。这就意味着角动量守恒定律(另一种人们非常熟悉并应严格遵守的守恒定律)被违背了。

然而,如果中子蜕变成质子、电子和中微子,这三种粒子的自旋均为$+1/2$或$-1/2$,三者(例如$+1/2$、$+1/2$、$-1/2$)之和为$+1/2$,这与原核的自旋相同,符合角动量守恒定律。

除了上述三种守恒定律外,后来还发现了第四种守恒定律:轻子数守恒定律。中子和质子各自的轻子数均为0,而电子的轻子数为+1,正电子的轻子数为-1。

中子开始时的重子数为+1,轻子数为0。如果它蜕变成质子(重子数为+1,轻子数为0)和电子(重子数为0,轻子数为+1),那么重子数是守恒的,但轻子数则**不然**。

但是,如果假定会生成轻子数为-1的中微子。在这种情况下,中子(重子数为+1,轻子数为0)蜕变成质子(重子数为+1,轻子数为0)、电子(重子数为0,轻子数为+1)和中微子(重子数为0,轻子数为-1)。这样,从1个中子(重子数为+1,轻子数为0)开始,最后生成3个粒子,它们的总重子数为+1,总轻子数为0。这时轻子数也和重子数一样是守恒的。

当然,因为中微子的轻子数为-1,按理说它应该是一个粒子(反中微子)的镜像,而实际确实如此。反中微子也符合能量、电荷、动量和角动量等守恒定律,这一点与中微子完全一样。反中微子也符合轻子数守恒定律。

仅仅是为了挽救某一个守恒定律而设计出这样一种探测不到的粒子并不能使人觉得非常有说服力。分别设计出四种探测不到的粒子来挽救四种守恒定律甚至更缺乏说服力。然而,一种探测不到的粒子其本身的存在能够挽救四种不同的守恒定律——能量、动量、角动量和轻子数——那么,它就变得非常有说服力。随着时间的推移,物理学家对中微子和反中微子采取的态度是:无论是否探测到这两种粒子,它们必须存在。

反中微子的探测

物理学家在真正探测到中微子和反中微子之前,对于它们的存在是不会感到完全满意的。(通常为了简化的缘故,用到"中微子"这个术语时也包含了反中微子。)

为了找到它们,中微子必须与另外一种粒子发生相互作用,而且这种相互作用必须能被探测到,同时又能与其他相互作用区分开来。换句话说,你必须能辨别出这种相互作用是由中微子引起的,而不是由任何别的东西引起的。

要做到这一点是非常不容易的,因为中微子几乎不与任何东西发生相互作用。通过计算可以得出,中微子平均在穿过厚度为3500光年的铅之后才会被吸收。

这只是对**平均**而言。个别中微子可能完全出于偶然避免了直接碰撞,也许能达到两倍的行程,甚至达到100万倍的行程才被吸收。其他的中微子也许刚行进了平均距离的一半,或者百万分之一的平均距离就碰巧发生了直接碰撞而被吸收。这就意味着,如果让一束含有无数个中微子的粒子流,穿过实验室中用于实验的数量很大的物质,其中极个别的中微子也许刚好撞到了物质中的某个粒子并发生了相互作用。

为此,要想有机会探测到中微子,你必须拥有非常丰富的中微子源。自从人们发明了以铀核裂变为基础的核反应堆之后,就有可能利用这种丰富的中微子源了。

铀核是很复杂的,即便只是接近稳定也需要大量的中子。如铀235中,仅92个质子就有143个中子。当铀核分裂成两个较小的部分时,每个部分只需较少的中子即能保持稳定,因此有些中子就自由了。随着时间的推移,其中许多中子都蜕变成了质子,同时释放出反中微子。一个典型的裂变反应堆,每秒钟都能轻而易举地放出10^{18}个反中微子。

下一个问题是要确定我们希望反中微子去做什么。我们知道,中子通过放出电子和反中微子蜕变成质子。那么我们是否能够实现相反的过程,即让质子同时吸收电子和反中微子再变成中子呢?

但是,要实现这样一个反过程需要满足许多条件。要使一个反中微子自己去撞击一个质子是不大可能的。而希望它在撞击一个质子的同时又让一个电子也撞上同一个质子,这样的要求实在太高了。发生这种情况的概率实在太小了,因此这是一个非常不切实际的过程。然而,让一个电子去撞击一个质子与让质子放出一个正电子的结果是相当的。(这就像让某人给你1美元与让他帮你还掉1美元的债务,其结果是一样的。不管哪种方式,你的资产都会增加1美元。)

这就是说,让反中微子去撞击一个质子,然后使质子放出一个正电子而变成一个中子,这是有可能的。由于质子变成中子,两者的重子数均为 + 1,因此符合重子数守恒定律。由于一个反中微子消失,出现一个正电子,而它们各自的轻子数均为 − 1,因此轻子数也是守恒的。由于质子消失和正电子出现,而它们各自的电荷均为 + 1,因此电荷也是守恒的。另外,能量、动量和角动量守恒定律都得到了满足。

那么,我们假定一个反中微子撞击了一个质子,并产生一个中子和一个正电子。那你怎样才能说明确实是发生了这样的过程呢?这样的过程只能发生在一段较长的时间间隔内,其间也在发生着各种其他的相互作用,会将反中微子的作用淹没。但是,如果产生了中子和正电子,正电子一定会在百万分之一秒内与遇到的任何一个电子结合,并相互湮没。在这个过程中,会形成两组强度相等,并向相反方向运动的γ射线,它们的总能量刚好相当于这两个粒子的质量。至于中子,它会很快被镉原子的核(假如附近存在的话)吸收。在此过程中,核将会获得足够的能量,放出具有固定总能量的3或4个光子。

没有任何其他已知的相互作用会切实产生这样的结果。那么,假如你能在同一时间、在相应的方向找到具有相应能量的被发射出来的光子,你就探测到了中微子与质子的相互作用,而不是任何别的东西。

1953年,由美国物理学家莱因斯(Frederick Reines,1918—1998)和

考恩(Clyde Lorrain Cowan, 1919—1974)领导的一个小组开始沿着上述思路着手解决这个问题。他们利用一个裂变反应堆，使尽可能多的反中微子去撞击装满水的巨大的水箱，里面有无数个质子，都包含在组成水分子的氢和氧的核中。他们在水中溶解了镉的氯化物。镉的核能够吸收放出的任何一个中子。最后，他们安置了各种装置，用于探测 γ 射线光子并确定它们的方向和能量，这时他们要做的就是等待符合要求的光子组合的出现。

显然，为了能尽量容易地探测到符合要求的光子组合，他们必须尽可能地排除不符合要求的光子组合，因此，他们不断对整个试验装置采取更加有效的保护措施。最终，除了反中微子外，几乎任何东西都无法进入。最后，他们又设法使"本底噪声"降低到足以保证他们能探测到偶尔发生的反中微子与质子之间的相互作用。1956年，也就是泡利的假设提出26年后，莱因斯和考恩宣布，他们探测到了反中微子。

其他科学家也立即尝试进行重复实验，或者对它进行改进，对此都不存在任何问题：只要使用合适的设备，任何人都能探测到反中微子。它已不再是一种鬼态粒子，而确确实实是泡利和费米推断出来的那种粒子。他们把它作为解释 β 射线辐射和中子蜕变过程的一种必不可少的粒子。（这就证明了使用逻辑推理在科学中的价值。同时也表明，坚持一个优秀的理论是多么重要——例如各种守恒定律——只要是合理的可能性。当然，一种观点，哪怕像钢铁般的坚实肯定，也会有不得不放弃的时候——即使是守恒定律——我们将会遇到这种情况。偶尔对其本身进行修正，哪怕并不愿意，这正是科学的值得赞颂之处。除了人类中的有识之士以外似乎没有任何其他人会尽力去做这样的事。）

中微子的探测

就像裂变过程中,由于大量的中子转变成质子必然会产生大量的反中微子一样,聚变过程中也会由于等量的这两种粒子的转变而产生大量的中微子。例如,在氢聚变成氦的过程中,由4个质子合在一起组成的4个氢核转变成由2个质子和2个中子组成的1个氦核。在这个过程中,形成了2个正电子,以及随之而来的2个中微子。

虽然我们可以从正在运行的裂变反应堆中获得反中微子流,但是我们还不能从正在运行的聚变反应堆中获得中微子流。不可控制的氢弹聚变在一瞬间就能产生中微子流,但是要想利用这种中微子流,就必须在离爆炸点很近的地方工作,这是一种非常不切实际的想法。然而,在远离我们9300万英里(约1.5亿千米)的地方确实存在着一个巨大的、连续"爆炸"的氢弹——太阳。它每秒钟都产生数目惊人的中微子,而且已经持续了大约45亿年。

聚变发生在太阳的中心,并产生光子。光子很容易与其他物质发生相互作用,因此它们会被吸收、重新发射、再吸收,就这样无穷无尽地进行下去。光子从太阳的中心行进至太阳表面要花很长很长的时间,然后被发射到宇宙空间中去,其中有一些来到了地球。因此,这些光子在太阳内部行进的过程中已经发生了很多变化。然而,似乎没有人能告诉我们太多关于太阳中心发生的事情。

中微子的情况就不同了,它们形成后很少与其他物质发生相互作用。它们从太阳中心移至太阳表面只需要2秒钟多一点的时间。(由于中微子没有质量,它就像光子和引力子一样以光速行进。)一旦中微子到达太阳表面,它们就继续向前,如果碰巧朝着地球的方向,只需8分钟就能到达地球。

由于这些中微子是直接从太阳中心来到地球的,这样至少使我们有机会能通过这些粒子的特性来获取有关太阳中心的资料,这用其他办法是不可能做到的。探测太阳中微子比单纯证明中微子的存在要有意义得多。这是在对太阳进行研究。

为了探测中微子,我们必须利用粒子的相互作用,但是一定要与探测反中微子时所利用的那种相互作用刚好相反。为了探测反中微子,我们让它们去撞击质子,从而产生中子和正电子。而要探测中微子,我们就必须让它们去撞击中子,从而产生质子和电子。在探测反中微子的过程中,我们选择的撞击目标应该含有丰富的质子,如水。而探测中微子时我们所需的目标应含有丰富的中子,为此我们必须利用富中子核。

意大利物理学家蓬泰科尔沃(Bruno M.Pontecorvo, 1913—1993)建议采用特别富含中子的核——氯37,它的核由17个质子和20个中子组成。如果氯37吸收1个中微子,它的1个中子就会转变成质子,同时放出1个电子。

但是为什么这种富中子核会比其他核更好呢?因为当氯37的核失去一个中子、增加一个质子时,它就变成了氩37(含18个质子和19个中子),它是一种气体,很容易从含氯37核的物质中分离出来。找到这种气体就表明被吸收的是中微子,而不是别的东西。

然而,要获得含氯37的撞击目标,最佳方法似乎是采用氯本身,但氯也是一种气体,要想从氯气中分离出含量非常小的另一种气体是很困难的。我们也许可以使氯液化(在氯呈液态时的温度下,氩仍为气体),但是那就需要冷冻。如果采用室温下为液态的化合物,而这种化合物的分子中又含有大量的氯原子,那岂不方便得多?

四氯乙烯是这类化合物中的一种,它的每个分子都由2个碳原子和4个氯原子组成。这是一种通常用于干洗的化合物,价格也不太贵。即使只有很少量的氩37原子生成,它们也能被冲出液面,从而被探测到。因为氩37具有放射性，即便只有极少量的氩37，也能根据其蜕变特征将其识别出来。

美国物理学家戴维斯(Raymond E.Davis)就是利用这种相互作用证实了中微子是确实存在的。

1965年初，反中微子的发现者之一莱因斯开始着手探测太阳中微子。他将大桶大桶的四氯乙烯深深地埋入矿井中，使它们与地表之间隔着1英里(约1.6093千米)左右的岩石。这样，岩石就会吸收所有的辐射，甚至包括宇宙线粒子，只有中微子**除外**，它可以很轻易地穿过整个地球。(当然，也许还会有一些粒子从周围岩石中的放射性物质中生成。)

人们可能觉得奇怪，怎么会想到必须在地下1英里这样的有利地点对太阳进行研究，而莱因斯正是这样去做的。然而，无论他如何改进技术并改善实验设备，他所探测到的中微子数量从来没有超过预期值的1/3。

这是为什么呢?这也许是观测机制在某些方面不太合适；或者是我们对中微子的了解还不够全面；或者说我们关于太阳中心的理论是错误的。但"中微子失踪之谜"还是始终不能得到解决，而当这一问题解决的时候，肯定是非常激动人心的。

假如太阳能产生中微子，那么我们可以肯定，其他恒星也同样能产生中微子。然而，即使是最近的恒星半人马座α星(一个包含两颗类似于太阳的恒星以及一颗暗淡矮星的三合星系统)离我们的距离也大约是我们离太阳距离的270 000倍。从半人马座α星到达地面的中微子数充其量也不过是来自太阳的中微子数的五百亿分之一。我们只能勉强探测到由太阳发射出来的中微子，因此不可能有一丝机会探测到来自其他正常恒星的任何中微子。

但是，并非所有恒星都是正常的。像巨大的超新星那样的恒星一旦爆发，各种类型的辐射都会突然增加1000亿倍。

1947年2月,这种超新星出现在距我们150 000光年远的大麦哲伦星云中。它离我们的距离是半人马座α星的33 000倍,但是它产生的中微子流却比较多。它是将近400年中离我们最近的超新星,使我们有机会用拥有的第一个"中微子望远镜"进行探测,就像莱因斯已经做过的那样。

一个这样的望远镜就被安置在阿尔卑斯山的下面。在那里,一个由意大利和苏联天文学家组成的小组,在能用肉眼看到超新星的前一天晚上,探测到了7个突然出现的中微子。由此证明,随着天文学家不断提高他们探测和研究中微子的能力,他们不仅能知道更多有关太阳中心的情况,而且还能知道有关巨大的恒星爆发的情况,也许还能知道其他一些天文方面的知识。

其他轻子

至此我们已经讲述了4种轻子:电子、正电子、中微子和反中微子。它们所带的电荷分别为 − 1、+ 1、0和0。其质量(假如我们将电子的质量设为1)分别为1、1、0和0。它们的自旋为 + 1/2或 − 1/2。由于它们的自旋均为半整数,因此它们都是费米子。(光子和引力子的质量为0,所带电荷也为0,但它们的自旋分别为1和2;由于它们的自旋为整数,因此它们都是玻色子。)

这是直至1936年的情况,当时中微子、反中微子和引力子实际上尚未被探测到,但是似乎在每种情况下它们都肯定存在。当时人们还知道存在有4种重子:质子、中子、反质子和反中子。

这些粒子加上光子和引力子一共是10种,它们似乎能够解释宇宙中的所有物质,以及科学家们已经观测到的所有相互作用。这将是一个美好的结果,因为一个由10种粒子组成的宇宙是相当简单的。

然而,到了1936年,那位在4年前发现了正电子的科学家安德森仍在山中研究宇宙线,他注意到了一些以奇怪的方式弯曲的粒子轨迹。这种轨迹的弯曲程度比电子小,可见它的质量比电子大(假定这种新粒子所带电荷与电子相同)。但它的弯曲程度又比质子大,这表示它的质量比质子轻。此外,还有一组完全相像但方向相反的弯曲轨迹,这表示有些为粒子,有些为反粒子。

结论是存在一组质量介于那些已知轻子和已知重子之间的中间质量的粒子和反粒子。测量结果表明,这种新粒子的质量为电子的207倍,约为质子或中子的1/9。

安德森一开始把这种新粒子称做介子(mesotron,前缀meso源于意为"中间"的希腊语单词)。请再注意那个错误的后缀tron。所幸的是这次这个后缀没有被固定下来,后来采用了meson这个词来作为代表所有具有中间质量的粒子的通用术语。由于安德森发现的粒子最终被证明只是许许多多种中间质量粒子中的一种,每一种又都必须与其他粒子区分开来,因此安德森发现的这种粒子后来被称为μ(mu)介子,这里的μ是希腊语中的一个字母,读音相当于英语字母m。然而就像我在后面将要解释的那样,μ介子在一个非常基本的方面不同于其他中间质量粒子。因此,介子(meson)这个术语仅用于其他粒子,而**不包括**μ介子(mu meson),现在我们都把安德森发现的粒子称做μ子(muon)。

在已经发现的粒子中,μ子是第一个在作为原子结构的组成部分、遵守守恒定律或促使亚原子相互作用等方面均无明显作用的粒子。美籍奥地利物理学家拉比(Isidor Isaac Rabi,1898—1988)在听说了μ子后就曾经提出这样的问题:"那是谁规定的?"

μ子所带电荷为-1,与电子完全一样,而反μ子所带电荷为+1,与正电子完全一样。事实上,μ子除了其质量和另一个特性外,其他所有方面均与电子完全相同,同样,反μ子与正电子之间的关系也类似,像所带电荷、自旋和磁场等方面都是这样。在一个原子中,负μ子甚至可以代替一个电子而生成一个短寿命μ原子。

为了保持角动量守恒,μ子的角动量必须与它所要代替的电子相同。但是由于μ子的质量比电子大得多,这会使μ子的角动量增大,因此必须通过比电子更靠近核来减小角动量。从另一个角度我们也可以看出必须是这样的,因为μ子的质量比电子大得多,因此相应的波也要短得多,这能将它的运行轨道压缩得更为紧密。

根据上述理由,由于μ原子比电子型原子小得多,两个μ原子可以比两个电子型原子相互靠得更紧。因此,μ原子核的融合趋势比普通的电子型原子更明显。因此,μ原子似乎是实现聚变的一种可能途径——除非有我们后面将要提到的重大发现。

μ子与反μ子会相互湮没,所产生的能量是电子与反电子相互湮没时的207倍。同样,如果将形成一个电子—正电子对所需能量的207倍集中在一个极微小的区域内,那么也能形成一个μ子—反μ子对。

但是,如果产生μ子时没有生成它的反μ子,就像中子蜕变时产生了电子而没有生成正电子一样,那时会产生怎样的后果呢?确实存在着一种带负电荷的比μ子重的粒子(这种粒子我将在后面讲到),这种粒子在蜕变时会形成μ子,而不生成反μ子。同样,也会存在一种带正电荷的粒子,在形成反μ子时不生成μ子。

这种现象并不违反电荷守恒定律,但是就像中子蜕变时的情况一样,违反了能量和动量守恒定律。此外,蜕变成μ子的较重的粒子本身既不是重子也不是轻子,而μ子是轻子;因此,蜕变时并不违反重子数守恒定律,但违反了轻子数守恒定律,因为似乎是平白无故地形成了一个轻子。因此,这里也会像中子蜕变时的情况一样,同时形成中微子和反中微子,以保持守恒,但是这里的情况更加复杂,我将在后面加以阐述。

我们可以将μ子只看作一种较重的电子,将反μ子看作一种较重的正电子,那么它们为什么会存在?为什么它们的质量刚好等于电子或正电子的207倍,而不是任何其他质量呢?

现在让我们进行一次类推。假定电子就像一个位于能量谷底的高尔夫球。已经没有任何办法能使它再往下滑了,因此它只好停留在那里。然而,如果对它施加能量(就像如果用高尔夫球棒去敲击处于该位置的高尔夫球),那么附加上去的能量就会使高尔夫球沿着山坡向上滚动。它会达到某个最高点,然后再滚向"谷底",同时释放出它得到的那部分能量。

高尔夫球被击打得愈重,它在再次下滑之前往山坡上滚得就愈高。如果球被击得足够重,它可能会刚好滚到斜坡的顶点并停留在那里。它虽然仍是一个高尔夫球(即相当于一个电子),但这时它已获得了足够高的能量,比它在谷底正常位置时所具有的能量要高得多;从亚原子的角度来讲,它会获得比在"谷底"时大得多的质量。

在"坡顶"时所具有的能量刚巧相当于电子质量的207倍。那么为什么刚好这么高呢?我们不知道,但是我们也不可能给出一个不会带来更多问题的确切的原因。(科学不可能对任何重大学科分支的每个问题都作出完美的解释,也许永远也不能。科学家针对无数的问题已经找到了无数的答案,有的是显而易见的答案,但是每个答案都会给我们带来更新、更尖锐、甚至更难处理的问题。)

不稳定粒子

就我们所知,电子是一种稳定粒子。所谓稳定并非说它不会发生任何变化。如果一个电子遇到一个正电子,两者就会相互湮没并转变成光子。如果电子与正电子以外的其他粒子相撞,会发生其他类型的变化。

然而,假如电子被释放进入宇宙空间并且没有遇到其他任何粒子,那么它将会(就目前我们所知)一直存在下去,并保持其所有特性永不发生变化。

正电子、中微子和反中微子也都一样。在发现μ子之前,这四种已知的轻子都是稳定粒子。(在20世纪30年代发现的两种玻色子,即光子和引力子也一样。)

至于那些**不是**轻子的粒子,那些在μ子之前发现的粒子——质子、反质子、中子和反中子——其中质子和反质子似乎也是稳定粒子(虽然现在对此有所怀疑,就像后面将会看到的那样)。

中子和反中子是不稳定粒子。如果一个中子从任何一种其他粒子中被分离开来,它无论如何都会蜕变成一个质子、一个电子和一个反中微子,而一个反中子会蜕变成一个反质子、一个正电子和一个中微子。不过,这是一个相对缓慢的过程,平均需要大约几分钟的时间。此外,当中子变成非放射性核的组成部分时,它是稳定的,并能一直存在而不发生变化。然而,μ子却会在几乎一瞬间就蜕变成电子。当普通μ子完全单独存在时,蜕变只需1/500 000秒。

那么μ子存在的时间为什么会如此之短呢?根据我在前面已经用到的比喻,电子被推上了质量"斜坡",它滞留"坡顶"的质量相当于"谷底"质量的207倍。我们可以把"坡顶"想象成一个狭条,μ子振动或抖动着滞留在"坡顶"。这种抖动的结果迟早会使μ子离开"坡顶"而滑入"谷底",并重新变成电子。根据"坡顶"的宽窄程度和抖动的量级,上面所说的"迟早"是1/500 000秒。

所有物体,包括你和我,都会表现出某种形式的抖动,因为根据量子力学显示,所有物体都与某种波形有关。对于普通物体而言,这种抖动极其微小,因而并不重要。而质量愈小,抖动相对于物体的大小而言就愈明显。亚原子粒子的质量非常小,因而其抖动就变得相当重要,在研究它们的性质时,就必须考虑抖动的影响。

电子也有抖动——它的抖动甚至比μ子还要明显——但是电子处于"谷底",它不可能进一步下降,因此它是稳定粒子。

1975年,美国物理学家佩尔在加速器内撞击产生的碎片中探测到一种比μ子更重的像电子一样的粒子。他把这种粒子命名为τ轻子,这里的τ(tau)是希腊语中的一个字母,相当于英语字母t。人们也称它为τ子。

τ子除了两种性质以外,具有电子和μ子的其他所有性质。这两种不同的性质之一是质量不同。τ子是一种超重电子,它的质量是电子的3500倍,是μ子的将近17倍。它的质量几乎是质子或中子的2倍,但从它的秉性来看显然属于轻子,虽然这个名字主要还是用于那些人们熟悉的质量较小或没有质量的粒子。(这听上去也许与日常观念有些混淆,甚至有些矛盾,一个用于表示小概念的名字却要用于一个非常重的粒子,不过请考虑一下下面这种类似的情况。爬行类动物,包括短吻鳄、大蟒蛇和已灭绝的恐龙,如果把每一组作为一个整体考虑的话,它们都是比昆虫大得多的动物。然而,也有像你的拳头那么大的巨型甲壳虫,还有像指尖那么小的蜥蜴;甲壳虫再大还是昆虫,而蜥蜴再小仍然是爬行类动物。)

τ子的第二个不同在于它的不稳定性。它的不稳定性比μ子更严重,因为它会在一万亿分之五秒内发生蜕变。在蜕变过程中,它先变为μ子,最终变为电子。

我们可以设想,τ子的形成是由于它获得能量而被推上很高的质量"斜坡"的结果。它所达到的"坡顶"比μ子所在的"坡顶"更高也更狭窄。τ子滞留在"坡顶"的时间会更加短暂,随即就会落下。那么我们有没有可能找到比τ子更重、更不稳定的轻子呢?在我们比喻的"斜坡"上是否存在着无数个"坡顶",而且每个"坡顶"都比前一个更高、更狭窄呢?

显然不能。物理学家有理由相信,根据近来进行的一些相当复杂的观测,轻子的范围就限于这三种。现在,我们可以说已经发现了所有存在的轻子。

如果存在τ原子的话,它们会比μ原子更小,因此也更容易融合。现在,你也许看到了这种机遇,但是这些重轻子实在太不稳定了,以至于根本不能作为聚变的实用方法。在我们还没有来得及对它们采取任何行动之前它们就已经消失了。

中微子的种类

现在让我们来研究一下有关μ子蜕变的一些细节,因为这中间还涉及守恒定律方面存在的问题。假定一个μ子蜕变成一个电子和一个反中微子,在此过程中电荷和动量是守恒的,但是角动量并**不**守恒。μ子的自旋为 + 1/2 或 − 1/2,电子和反中微子也一样。一个电子和一个反中微子加在一起,总的自旋为 + 1、0 或 − 1,具体取决于它们各自自旋的符号。两者的总自旋不可能是 + 1/2 或 − 1/2。

那么为什么即使考虑了反中微子,μ子的蜕变似乎仍然违背了角动量守恒定律,而中子蜕变时情况却不是这样呢?这是因为中子蜕变时转换成3个粒子——质子、电子和反中微子——3个半整数加起来的总和当然还是半整数。而μ子的蜕变就像我们所说的那样,只产生2个粒子——电子和反中微子——而2个半整数相加的结果只能是整数,永远不可能是半整数。换句话说,根据μ子的蜕变情况,我们必须假定它也产生3个粒子——也许是1个电子和2个反中微子。

不幸的是,这并不一定意味着就能满足守恒的要求。因为μ子的轻子数为 + 1,电子和反中微子的轻子数也都为 + 1,因此开始时的轻子

数为 +1,结束时为 +2,这违反了轻子数守恒定律。如果再加上第二个反中微子,那么开始时为 +1,结束时为 +3,仍然是错的。然而,如果假定一个 μ 子蜕变成一个电子、一个反中微子和一个中微子,而中微子的轻子数为 -1,那么这时产生的 3 个粒子的轻子数分别为 +1、+1 和 -1,其总和为 +1,与原 μ 子的轻子数相同。那么如果我们假定一个 μ 子蜕变成一个电子并同时产生一个反中微子和一个中微子,这时所有的守恒定律都满足了。

这该是皆大欢喜的结局了吗?是的,不过还有一个小问题。在发现 μ 子之前,物理学家们在所有产生中微子的相互作用中观测到的结果,都是**要么**产生中微子**要么**产生反中微子。而 μ 子的蜕变却非常奇怪,因为它同时形成一个中微子和一个反中微子。

那么是否有可能存在两种类型的中微子呢?是否有可能电子产生一种中微子,而 μ 子产生另一种中微子,因而分别叫做电子型中微子(及其反中微子)和 μ 子型中微子(及其反中微子)呢?会不会当 μ 子蜕变成电子时,μ 子和电子各自产生一个不同的中微子,而由此造成 μ 子蜕变时包含 2 个中微子呢?这就是所谓的双中微子问题。

假如电子型中微子和 μ 子型中微子的性质不同,那必定是因为它们具有某些不同的特性——但是物理学家们从未发现过任何不同。研究 μ 子产生的中微子甚至比研究电子产生的中微子更加困难,但是物理学家所能告诉你的就是这两种类型的中微子是相同的,它们的电荷均为 0,质量均为 0,自旋均为 +1/2 或 -1/2 等等。

这样就解决问题了吗?当然没有。也许是在科学家从来也没有想到过的某个方面还存在着差别,因而就算有这种测量装置,科学家们也从来没有想到要对它们进行测定。

不过,假如我们不能直接找出任何差别,也许可以通过让粒子自己进行判别,从而间接地找出答案。例如,假定一个由电子产生的中微子遇到了一个由μ子产生的中微子,如果它们在所有的方面都相同,只是呈镜像对称,那么它们应该会相互湮没,并产生一个微小的脉冲能量。如果它们除了镜像对称外,还存在**任何**其他方面的差别,它们就**不会**发生相互湮没。如果没有发生相互湮没,这些粒子会觉察到它们之间的差别,这就很好办了。即使我们不知道差别的具体内容,我们也能从它们的反应中得知存在着差别。

然而,中微子出现的那个瞬间实在太短,两个没有反应的粒子相遇的机会几乎等于0。即使它们能相遇,产生的能量也实在太小,根本不可能被观测到。不过,还有另外一种方法可以让中微子显现它们的属性。如果电子只能产生电子型中微子,μ子只能产生μ子型中微子,而且假如相互作用可以逆转,那么电子型中微子生成的产物只应是电子,而μ子型中微子生成的产物只应是μ子。那么,如果两种中微子是完全相同的,则它们应产生相等数量的电子和μ子。

1961年,由美国物理学家莱德曼(Leon Max Lederman, 1922—2018)领导的一个研究小组进行了这样的实验。他们使高能质子猛撞金属铍,从而产生了大量粒子。在这些粒子中有一部分是高能μ子,它们蜕变时会产生高能μ子型中微子。然后再让这个由各种粒子组成的大混合体猛撞12米厚的钢板,除了中微子外,所有其他粒子都被钢板吸收了(中微子能穿过任何东西)。在钢板的另一侧,他们使高能μ子型中微子流进入一个装置,该装置能探测到中微子的撞击。当然,这种撞击出现的次数不会太多,不过在8个月内他们观测到了56次这样的撞击,每次撞击都产生一个μ子。

通过这项实验可以看出,μ子型中微子显然不会生成电子,因此它在某个方面与电子型中微子肯定有差别(不论我们是否知道是什么差别)。为此莱德曼获得了1988年的诺贝尔奖。

莱德曼的研究工作表明,轻子数的守恒比人们原先认为的要略微复杂一些。实际上分别存在着电子数守恒和μ子数守恒。因此,电子的电子数为 + 1,正电子的电子数为 - 1。电子型中微子的电子数为 + 1,电子型反中微子的电子数为 - 1。这4种粒子所具有的μ子数均为0。同样,μ子的μ子数为 + 1,反μ子的μ子数为 - 1。μ子型中微子的μ子数为 + 1,μ子型反中微子的μ子数为 - 1。这4种粒子具有的电子数均为0。

当一个μ子数为 + 1、电子数为0的μ子发生蜕变时,会形成一个电子(电子数为 + 1,μ子数为0),一个电子型反中微子(电子数为 - 1,μ子数为0)和一个μ子型中微子(电子数为0,μ子数为 + 1)。这三个蜕变形成的粒子加在一起,其μ子数为 + 1,电子数为0,恰好与原始的μ子完全相同。因此蜕变同时符合电子数守恒和μ子数守恒。

τ子也能产生中微子,但至今人们只对它进行了少量的研究。物理学家觉得它应该具备其他两种中微子所具有的所有明显的特性,却不知什么原因与它们略有不同。假定存在τ子数守恒似乎是不可避免的。

目前,物理学家把它们称为轻子的三种"味"。它们是:(1)电子和电子型中微子;(2)μ子和μ子型中微子;(3)τ子和τ子型中微子。同样,也存在着反轻子的三种味:(1)反电子(正电子)和电子型反中微子;(2)反μ子和μ子型反中微子;(3)反τ子和τ子型反中微子。(**味**这个术语在某种程度上也是一个不成功的例子。在日常英语中这个词通常用于通过味觉来区分物体,例如不同味道的冰激凌。对于那些并非科学家的人们,要给他们一个概念,说明亚原子粒子之间只是"略有"不同,并不存在绝对的、可以测定出来的差别,用这个词恐怕也不是十分正确的。不过科学家也是人,有时候为了引人注目,甚至出于幽默就会这样做。举一个例子,有些原子核比其他一些原子核更容易受到亚原子粒子的撞击。一些富于遐想的科学家便把这种特别容易被击中的原子核比作容易被击中的"谷仓的侧壁"。因此,这种核的横截面的测量值作为给定的测量单位,被称为靶。)

至此,轻子和反轻子总共有12种。这些粒子由于不会自发蜕变成比轻子更简单的粒子,因而都是基本粒子(至少目前认为是这样)。τ子和μ子会蜕变成电子,而反τ子和反μ子则会蜕变成正电子。电子、正电子、3种中微子和3种反中微子似乎都根本不会蜕变。

当人们认为宇宙似乎只含有数量相当可观的电子和电子型中微子时,为什么还存在有12种轻子呢?电子型反中微子只在放射性转变过程中产生,总的来说这种粒子在宇宙中为数很少。正电子是在某些放射性转变过程中产生的,其生成概率甚至比电子型反中微子更小。迄今为止,据我们所知,较重的轻子和它们的中微子只能在实验室中通过像宇宙线轰击这类方法才能生成。

那么,为什么宇宙不是仅仅通过电子和电子型中微子生成的呢?为什么要考虑那些不必要的复杂问题呢?我的本能告诉我,这些复杂的问题并不是不必要的。宇宙是以这样一种方式建立起来的,每一种相互作用都扮演了它必须扮演的角色。例如,我们也许看不到τ子有什么用处,但是我们能强烈地感觉到,无论是什么原因,要使我们所在的宇宙正常运转,就需要有τ子的存在;没有τ子的宇宙就不是我们赖以生存的宇宙,甚至连宇宙本身都不可能存在。

第十章

相互作用

强相互作用

这里暂且不谈轻子,那么重子是怎么一回事呢?组成原子核的粒子又是怎么一回事呢?自从发现了中子,并提出核的质子—中子结构以后,这些问题都代表着一个重要问题。这一问题可以归结为下面这个难题:"是什么使核聚合在一起的?"

到1935年为止,人们只知道两种可以使物体聚合在一起的相互作用:引力相互作用和电磁相互作用。其中引力相互作用十分微弱,因此在亚原子物理领域里,可以将它完全忽略。只有在积聚成巨大的质量时,它才能被切实感受到。引力相互作用对于卫星、行星、恒星及星系级的天体来说是十分重要的。但是,在涉及原子、亚原子粒子领域时,则一点也不重要。

这样,就只剩下电磁相互作用了。正电荷和负电荷之间的电磁吸引力足以解释晶体中的分子是如何聚合在一起,分子中的原子如何聚合在一起,以及原子中的电子和核如何相互聚合。但是,当科学家沿着这个思路探索到原子核时,他们就遇到了一个问题。

　　只要他们认为原子核是由质子和电子组成的,似乎就没有什么问题。质子和电子之间互相有力地吸引着;事实上,吸引力越强,它们就靠得越近。在原子核中,质子和电子几乎相互接触,质子与质子之间也几乎相互接触,电子也同样如此。两个带同种电荷的物体间的排斥力与两个带相反电荷的物体间的吸引力,其强度是相同的。

　　在原子核中,也许可以认为质子之间会相互排斥,电子之间也会相互排斥。但是,它们也可能会相互交织并以某种形式排列,使得吸引力比排斥力更有效。在晶体中就是如此。晶体通常是由正离子和负离子组成的混合物,由于这两种相反电荷具有特定的分布形式,使吸引力压倒了排斥力,因而晶体能结合在一起。简而言之,原子核中的电子就像是质子的黏合剂,反之亦然。在这两种黏合剂的作用下,原子核结合在了一起。

　　但是,根据核的自旋特性以及角动量守恒的必要性,使人们对核结构的质子—电子理论的正确性产生了极大怀疑。随着中子的发现,显然有必要设定一种质子—中子结构,以解决由质子—电子结构理论带来的所有难题——除了一点。黏合剂已经不需要存在了。

　　如果我们只考虑电磁相互作用,那么质子—中子结构的核中唯一能被感觉到的力便是每个质子与其他所有质子间极强的斥力。也就是说,不带电的中子既不吸引质子也不排斥质子,只是一个"无所作为的旁观者"。质子与质子间强大的排斥力足以使原子核在瞬间爆炸成单个的质子。

　　然而,这种现象并没有出现。原子核依然平静而又稳定地呆在各自的位置上,丝毫没有发生毁灭性的质子间相互排斥的迹象。即使是那些放射性核,也是以很有限的方式发生爆炸的,使一个质子变成一个中子,或者放出一个含2个质子和2个中子的α粒子,或是在极端情况下分成两半。所有这一切都发生得相对较慢,有时甚至非常缓慢。**从**

来没有任何一个核会在瞬间爆炸成一个个单独的质子。

由此,我们自然而然地得出这样一个结论:除了引力相互作用和电磁相互作用外,还存在着另一种相互作用——一种人们尚未想到也尚未研究过的相互作用——正是这种相互作用把核聚合在一起。它也许该叫作核相互作用。

无论核相互作用是什么,它必定会产生很强的吸引力——一种比不同质子所带的正电荷产生的排斥力强得多的吸引力。事实上,最终结果表明,核相互作用产生的吸引力比电磁相互作用产生的力强100倍以上。这也是目前已知的存在于亚原子粒子间最强的相互作用力(也是人们认为能够存在的最强的相互作用力)。因此,人们通常把它叫做强相互作用。但是,什么是强相互作用?它是如何起作用的呢?

第一个考虑到强相互作用的人是海森伯,他于1932年首先提出了核的质子—中子结构。当一位科学家提出了一个惊人的观点,这一观点可以解决许多问题,但其中还有一个漏洞,这时他必定会尽他自己最大的努力去填补这一漏洞。毕竟,这是他自己心爱的"宠儿"。

海森伯逐步形成了交换力的概念。这种概念在创建量子力学之前,用经典物理学是无法处理或理解的。然而,如果运用量子力学,那么,交换力看起来就是可行的,并且是有效的。

为了不用数学来解释这一概念,我们可以设想质子和中子之间在不断地交换着某些东西。让我们假设它们交换的是电荷(正如海森伯首先提出的那样)。这就是说,核内的正电荷被不断地由带正电荷的粒子转移给不带正电荷的粒子。也就是说,每个重子都有两种状态,它可以是一个质子,也可以是一个中子,并以极快的速度交替变换着。因此,没有一个质子会受到排斥,因为它还没有来得及对排斥力作出反应就已经变成中子了。(这就好像一只热得发烫的马铃薯在两只手之间被迅速地扔来扔去,以免将手烫伤。)

这种交换力会形成一股强大的吸引力,把核聚合在一起;但遗憾的是进一步的检验证明,海森伯的观点不够充分。此后,日本物理学家汤川秀树(Hideki Yukawa,1907—1981)开始着手进行这项研究工作。在他看来,如果交换力对核内的强相互作用有效,那么它必定对所有相互作用都有效。当他将量子力学应用于电磁相互作用时,他发现,被交换的是一种特殊的粒子——光子。正是在任何两个带电粒子之间进行的极快的、持续不断的光子交换,产生了电磁相互作用。在带有同种电荷的粒子之间,交换会产生排斥力,而在带有相反电荷的粒子之间,则产生吸引力。

在任何两个具有质量的粒子之间,同样有着快速的引力子交换。(引力子从未被探测到过,因为它的能量实在太微弱了,我们还未研究出足够灵敏的仪器来明确地证明这种粒子的存在;但是,没有一个物理学家怀疑它的存在。)由于质量似乎只有一种类型,因此,引力相互作用只能产生吸引力。

因此,在核内必然存在着另一种交换粒子,这种粒子在核内的质子和中子之间不断地冲撞。必须指出,电磁相互作用和引力相互作用都是长程效应,它们的强度只随距离的增大而缓慢地下降。电磁效应既有吸引力又有排斥力,这是毋庸置疑的;但是就引力而言,我们可以清楚地看到,它主要应用于质量很大的情况,而且只有吸引力。地球与月球之间尽管相距将近400 000千米(约237 000英里),但地球仍能牢牢地吸引住月球。同样,太阳能在相隔1.5亿千米(约9300万英里)的远处将地球牢牢地吸引住。星系中的恒星和星系团中的星系之间,尽管相距超过几千、甚至几百万光年,但它们仍能聚合在一起。

然而,强相互作用的强度随距离增加而减弱的速率比引力相互作用或电磁相互作用要大得**多**。对后两种相互作用而言,当距离增大到2倍时,其强度将减弱为原来的1/4;对于强相互作用,当距离增大到2倍时,其强度则会减弱到原来的1%以下。这就意味着强相互作用的力程确实非常短,通常都不能被感觉到,除非在紧挨粒子的地方才能产生这种相互作用。

事实上,强相互作用的有效力程大约只有10^{-11}厘米,约为一个原子宽度的1/100 000。因此,要使质子和中子能感受到强相互作用的吸引力效应,唯一的途径就是使它们保持紧密接触。这也就是原子核会这么小的原因。它们只能大到强作用力的作用范围之内。事实上,目前已知的最大的原子核已大到强相互作用很难达到的距离,因此,这些核会有裂变的趋势。

正是由于这种力程的差别,引力相互作用和电磁相互作用成了人类日常经验的一部分。人类在其智慧发展的启蒙时期,就已经知道了前者的存在,而后者一直到古希腊时代才为人们所知。然而,只在原子核范围内才有效的强相互作用,在人们发现原子核并了解原子核的结构之前,也就是在20世纪30年代之前,是不可能被体验到的。

但**为什么**会有这种作用范围的差别呢?在汤川秀树看来,从量子力学的角度考虑,长程相互作用需要无质量地交换粒子。而光子和引力子都是没有质量的,它们所具有的电磁力和万有引力都是长程作用力。而强相互作用则需要具有质量的交换粒子,因为它们的作用范围非常小。事实上,汤川秀树计算得出的交换粒子的质量大约是电子的200倍。

当时,人们已知的粒子没有一种的质量在这个范围内,这使得汤川秀树觉得他的理论是错的而感到十分苦闷,但不管怎么说,他还是在1935年发表了这一理论。然而,几乎就在同时,安德森发现了μ子,而这种粒子的质量刚好在汤川秀树预言的强相互作用交换粒子的质量范围内。自然,人们都认为已经找到了交换粒子,对汤川理论的兴趣也骤然上升。

　　然而，人们对此的兴趣很快又消退了，因为μ子并没有呈现出与质子和中子发生相互作用的趋势，因而它不可能是交换粒子。实际上，它根本不受强相互作用的影响。这也是把它归类为轻子的主要原因，因为没有一种轻子会受到强相互作用。事实上，一旦μ子被认为只是一种重电子后，人们就意识到它不再可能是交换粒子了，而只是电子而已。

　　失望是不会永远持续下去的。当时英国物理学家鲍威尔（Cecil Frank Powell，1903—1969）正在研究宇宙线撞击大气层原子和分子时所产生的效应。为了达到这一目的，他也像安德森那样登上了高山。在玻利维亚的安第斯山，他登上海拔足够高的地方，那里的宇宙线强度（来自外层空间的宇宙线未被最低层的地球大气层所吸收）是海平面处的10倍。鲍威尔用他自行设计的比安德森的仪器更灵敏的专用仪器进行探测，于1947年测得了中等质量粒子的曲线轨迹。

　　根据这种新粒子的曲线轨迹可以判定，它的质量约为电子的273倍（接近汤川秀树的预言），比μ子约重1/3。这种新粒子与μ子一样不稳定，平均在大约1/400 000秒内发生蜕变。

　　但是，这些相似之处纯粹属于巧合，因为这两种粒子间存在着更深更基本的差别。鲍威尔发现的粒子**不是**轻子。它会受到强相互作用的影响，并且很容易与质子和中子发生相互作用。实际上，它正是汤川秀树预言的交换粒子。

　　这种新发现的粒子被叫做π介子（π是希腊字母，相当于英语字母p，我想大概是代表鲍威尔）。它是所有受强作用力影响的新一类粒子中第一个被发现的粒子，被称为介子（meson），这一称谓最早是给μ子的，但由于μ子经证明是轻子而被取消。尽管π介子（pi meson）确实有权被叫做meson，但为了方便起见，英语中它经常被简称为pion。

　　当然，既然存在着带正电荷的π介子，其电荷与质子或正电子完全相等，那么肯定存在着带负电荷的反π介子，其电荷与反质子或电子完全相等。一个π介子蜕变为一个μ子和一个μ子型反中微子,而一个反π介子蜕变为一个反μ子和一个μ子型中微子,这样就保持了μ子数的守恒。因为μ子和μ子型反中微子的μ子数分别为+1和-1,而反μ子和μ子型中微子的μ子数分别为-1和+1。因此,π介子的μ子数为0,蜕变前和蜕变后的μ子数均为0。

另外,还有一种中性的π介子,它不带电荷,其质量大约只有带电π介子的29/30。它的稳定性比带电π介子更差,平均寿命只有10^{-15}秒,然后蜕变成两束γ射线。中性π介子像光子和引力子一样,是少数没有反粒子的粒子中的一种;或者从另一角度看,它本身就是自己的反粒子。

顺便说一下,介子的自旋为0,因此它们不是费米子,也不存在介子数守恒定律。介子可以随意出现和消失。

汤川秀树和鲍威尔由于发现了强相互作用而分别获得了1949年和1950年的诺贝尔奖。

弱相互作用

尽管强相互作用的发现极具戏剧性,但它还不是20世纪30年代第一个被发现的新的相互作用。1933年,费米,也就是后来用中子轰击铀(具有极其重大的影响)的人,对狄拉克所做的关于电磁相互作用的研究工作产生了兴趣。为了描述光子在电磁相互作用中被释放的方式,狄拉克提出了反物质的概念。

这使费米想到,中子释放出电子和中微子的方式,与粒子释放出光子的方式,在数学上也许可以用相同的方法处理。他通过数学计算得出了结论,但是结果表明,这种相互作用与控制光子释放的电磁相互作用有很大差别。这种新的相互作用,最初被称为费米相互作用,比电磁相互作用弱得多。事实上,它的强度只有电磁相互作用的千亿分之一。(低于后来发现的强相互作用强度的十万亿分之一。)

费米相互作用的力程非常短,只有在原子核宽度千分之一的距离内才能感受到。因此,它在原子核内所起的作用不值一提,但对于单个粒子来说却很重要。它是一种次级核相互作用(从某种意义上说,它是仅涉及亚原子粒子的一种次级短程相互作用)。自从汤川理论被接受后,人们便开始谈论强核相互作用和弱核相互作用,并用后者替代了早期的费米相互作用。

然而,出于对文字节约的兴趣,我提议将"核"字省去,而科学家们也开始把它们称为强相互作用和弱相互作用。

(最后提到的这一点,按照我的想法,并不完全合适。虽然弱相互作用要比强相互作用和电磁相互作用弱得多,但是,不管怎么说,它的强度却相当于引力相互作用的10^{28}倍。只有引力相互作用才真正有资格享有"弱"的美称。)

(在这一点上,我也许仍是错的。因为我们真正了解的只是那些与具有巨大质量的地球及其他天体有关的引力相互作用,而无法在实际意义上考虑微弱的引力相互作用,更不用说亚原子了。因此,只能将引力的微弱作用抛之脑后。而事实上,假如我们能够积聚足够的质量,并将它们压缩成足够小的体积,那么所产生的总的引力强度将会大到超乎你的想象——甚至连强相互作用都不能与之匹敌。如果我们抛开这种想法,那么,弱相互作用仍然是最弱的,至少在我们通常碰到的情况下是如此——所以,取这个名字也许还是不错的。)

有些粒子会发生转变,例如蜕变或相互之间的作用,这些转变都是由强相互作用促成的;而有些粒子发生的转变则是由弱相互作用促成的。自然,由强相互作用促成的转变肯定要比由弱相互作用促成的转变迅速得多,正如由主投手掷出的棒球肯定要比一个5岁小孩掷出的球速度快得多。

通常,由弱相互作用促成的转变可能发生在一百万分之一秒左右,而由强相互作用促成的转变则发生在不到一万亿分之一秒的时间内——有时甚至发生在一亿亿亿亿分之几秒之内。

重子和介子对强相互作用和弱相互作用都有反应,但是轻子只对弱相互作用有反应。(重子、介子和轻子都对电磁相互作用有反应,但只是在它们带电时。中子、中性π介子和中微子对电磁相互作用都没有反应。)这就是为什么轻子的转变,例如π介子蜕变为μ子、μ子蜕变为电子或β粒子的放射性产物的蜕变,都是以亚原子级的缓慢运动的形式发生的。不会蜕变为μ子的中性π介子,会受到强相互作用的影响,因而会比带电的π介子蜕变得更快。

弱相互作用与其他三种相互作用有所不同,因为只有它不涉及一些非常明显的吸引力。引力相互作用使天体聚集在一起,并使太阳系得以存在。电磁相互作用使原子和分子聚集在一起,并使地球得以存在。强相互作用使重子聚集在一起,并使原子得以存在。

弱相互作用并没有使任何东西聚集在一起,它只是促成某些粒子转变成另外一些粒子。然而,我们不能小看它。举一个例子说,它促成了质子相互结合而组成氦核这一过程。这就是核的聚变过程,它使阳光普照大地,使地球上能够产生生命。

但是,弱相互作用会引出一个问题。如果其他三种相互作用都依靠交换粒子发挥其作用,那么弱相互作用必定也会有一种交换粒子。由于弱相互作用是短程的,它的交换粒子应该具有质量。事实上,由于弱相互作用的力程比强相互作用短得多,因此它应该有一个比π介子重得多的交换粒子。

一种在1967年提出的理论(我稍后便会论及)认为:弱相互作用应该有3种交换粒子——一种带正电荷、一种带负电荷、还有一种是中性的——这些粒子的质量可能是π介子的700倍,是质子的100倍。

这些交换粒子被称为 W 粒子,这里的 W 代表微弱。带电的粒子用符号 W⁺ 和 W⁻ 表示,中性的粒子则以符号 Z⁰ 表示。

寻找这些交换粒子的重要性不仅在于可以将它们增添到科学家们已知的粒子集中去,还在于它们的存在可以证实上面的理论预言。如果它们的质量真的像理论预言的那样,大得令人难以置信,那么毋庸置疑,以上的设想是千真万确的。正如我们将要看到的那样,这个理论是很重要的,而探测到交换粒子对它来说是至关重要的。

问题的关键在于粒子巨大的质量。因为要想生成并探测到这种粒子,相应地就必须拥有巨大的能量。直到 1955 年,人们能够产生的能量还只够生成并探测到反质子。而要想对 W 粒子做同样的实验,需要集中的能量至少应相当于该能量的 100 倍。

直到 20 世纪 80 年代,能够提供所需能量的粒子加速器才被设计出来。伊利诺伊州巴达维亚城费米实验室(Fermilab in Batavia,Illinois)的一个美国科学家小组一直在致力于此;与此同时,位于瑞士日内瓦附近的欧洲核子研究中心(CERN)的一个欧洲科学家小组也在进行同样的工作。

这两个小组的任务不仅限于解决能量问题,因为即使有粒子出现,它们存在的时间也实在太短,以至于很难被直接探测到。科学家们还必须根据这些粒子的蜕变产物(μ 子及中微子),将它们从同时生成的为数众多的其他粒子中分辨出来。

因此,这两个实验室之间展开的竞赛是极其错综复杂的。竞赛开始后,费米实验室既缺乏资金,又缺少足够的仪器设备,而另一方 CERN 在意大利物理学家鲁比亚(Carlo Rubbia,1934—)的卓越领导下取得了这场竞赛的胜利。

为了完成这项研究工作,鲁比亚改进了现有的仪器设备,并于 1982 年得到了 140 000 例据信有可能导致产生 W 粒子的粒子事件。通过计算机筛选,只剩下了5例,其中4例可以解释为W⁻粒子,另一例可以解释为W⁺。另外,他们设法测出了这些粒子的能量,并由此计算出了它们的质量。其结果与理论预计的完全吻合。

这一成果于1983年1月25日正式发表。鲁比亚开始继续寻找比W粒子重15%的Z⁰粒子,而这种粒子更难被探测到。1983年5月,Z⁰粒子也被探测到了。同年6月,他公布了这一结果。1984年,鲁比亚因此而获得了诺贝尔奖。

根据这一理论,可能还存在着另一种粒子,这就是希格斯粒子,它是由英国物理学家希格斯(Peter Higgs)首先提出的。理论上尚不清楚它的质量和其他性质,只是认为它比W粒子重得多。因此,没有人可以确定何时能探测到这种粒子。* 这将是一个未来才能完成的工作。

电弱相互作用

我们已经研究了四种相互作用:强相互作用、电磁相互作用、弱相互作用和引力相互作用,它们的强度依次递减。是否还有别的相互作用呢?科学家一般都坚信没有了。

不过,这也许很难确定。毕竟,在1930年时,科学家们还只知道两种相互作用,即电磁相互作用和引力相互作用,而后又发现了另外两种核相互作用。然而,新的相互作用也并非不可预期的。在这方面,放射性真正的存在仍是个尚未解决的问题,因为无论是引力相互作用还是电磁相互作用,显然都不能用来解释放射性。一旦知道了原子核的结构,又会出现寻求新事物的呼声。

---

* 2012年7月4日,一种新粒子在日内瓦的欧洲核子研究中心被发现,后被确认为希格斯粒子。希格斯与恩格勒(François Englert)因预测了希格斯机制获得2013年诺贝尔物理学奖。参见《希格斯——"上帝粒子"的发明与发现》,吉姆·巴戈特著,邢志忠译,上海科技教育出版社,2013年。——译者

如今的情况已经大不相同了。自从发现两种核相互作用的半个世纪以来,人们运用前所未有的功能齐全、反应灵敏的仪器设备,对亚原子物理的每一个细微之处都进行了认真的研究。另外,科学家们还运用在20世纪30年代无法想象的仪器设备,研究了我们周围更加广阔的世界,并且对宇宙进行了探索。

已经获得的大量新发现都是从来没有人预言到的。显然,在过去的50年里,在科学研究和发现方面所做的工作,比以往几千年完成的全部工作的总和还要多。

另外,在过去半个世纪进行的从宇宙到中微子的整个领域的科学研究中,没有任何一种现象不能用四种相互作用加以解释。从未出现过对第五种相互作用的需求。这就使得科学家相信,总共只有四种相互作用。

20世纪80年代后期,肯定也曾有过第五种相互作用之说,有人认为这种相互作用比引力相互作用更弱,其力程介于核反应和另外两种相互作用之间,并随材料所含化学成分的变化而改变。这种观点的提出,曾一度引起人们的兴趣,但是,这种相互作用的特性对于我来说,是一连串十分复杂的事情,至少从一开始似乎就不大可能。所以,这种说法刚一出现便迅速销声匿迹了。

当然,人们仍有可能会发现宇宙的某个方面远超出自己的知识范围,它将会给我们带来极大的惊喜(例如1896年放射性的发现)。这样的发现可能会要求人们必须针对某些情况,发展另外的相互作用。然而,到目前为止,我们还从未有机会进行这样的研究,而且看来这种机会很小。

总的来说,关于相互作用的数量问题,其实不是"为什么没有更多的相互作用?"而是"为什么只有四种相互作用?"科学家有这样一种明确的意识:宇宙结构遵循一条经济原则,它的运作一定是尽可能地简单。如果两项任务可以通过一种途径得以完成,只要经过适当的修改,使之适用于这两种情况,那就绝对不会通过两种截然不同的途径来完成。

这样,到了1870年,似乎已有四种不同的现象能够跨越真空:光、电、磁和万有引力。这四种现象看上去各不相同。尽管如此,正如本书前面提到的那样,作为有史以来最伟大的科学见解之一,麦克斯韦建立了一组同时控制电和磁的方程式,并且证明这两者之间有着不可分割的关联。此外,如果电场和磁场可以合成电磁场的话,结果显示光是一种与电磁场有着密不可分关系的辐射。麦克斯韦还根据他的新见解预言了从无线电波到γ射线的整个类似于光辐射的家族。这些辐射直到1/4个世纪之后才被真正发现。

当然,人们自然也会想到将麦克斯韦的处理方法扩展到包括引力相互作用。爱因斯坦在他生命最后1/3的时间里,始终都在致力于研究这一课题,但是和其他人一样,他也失败了。而在20世纪30年代,由于人们又发现了两种核相互作用——强相互作用和弱相互作用,这使情况变得更复杂了,即发现它有四种场。但是,这并不表示科学家们放弃了寻找用一组方程式来描述所有场的方法(统一场论)。用尽可能简单的方法来揭示宇宙的想法实在太诱人了,以至于使人们无法忽视它。

1967年,美国物理学家温伯格(Steven Weinberg, 1933——   )得出了一组可以涵盖电磁相互作用和弱相互作用的方程式。这两种相互作用从性质上来看是如此不同,但是,费米利用狄拉克曾用于电磁相互作用的数学方法,得出了弱相互作用理论,可见这两者之间一定存在着**某种**相似性。

温伯格提出一种处理办法,那就是把两种相互作用归为一类,显示出一种叫做电弱相互作用的特征,一定会有四种交换粒子。其中一种是没有质量的,它无疑就是光子。另外三种不但有质量,而且具有很大质量,它们分别被称为W^+、W^-和Z^0粒子。(还可能会有希格斯粒子,但还不能十分肯定。)

几乎是在同时,英籍巴基斯坦物理学家萨拉姆(Abdus Salam,1926—1996)单独提出了几乎完全相同的理论。[这并不令人感到十分惊讶,因为当科学的某个领域中的资料积累到一定程度时,是经常会发生这种事情的。在即将获得某一惊人的进展时——也就是说时机已经成熟时——不只一个人会对此有所反应。其中最惊人的案例发生在1859年,当时达尔文(Charles Robert Darwin)和华莱士(Alfred Russel Wallace)各自同时准备发表基于自然选择的生物进化论。]

当时,电弱相互作用并没有立即得到认同,因为这时的数学理论在某些方面还不完善。仅仅几年之后,荷兰物理学家特霍夫特(Gerard't Hooft)就对数学理论做了适当的改进。

如果存在电弱相互作用,那就应该有中性流。换句话说,就是应该有包括弱相互作用的交换粒子在内的粒子相互作用,而这种相互作用并不包括电荷从一个粒子转移到另一个粒子。对于这种中性流来说,Z^0粒子是必不可少的。1973年,人们终于探测到了这种中性流,这使得电弱理论一下子变得备受青睐。为此,温伯格和萨拉姆分享了1979年的诺贝尔奖。1983年,通过对电弱相互作用交换粒子的实际探测,使得这一理论得到了完善。

你可能想知道,如果存在单一的电弱相互作用,为什么这种单一现象的两个方面(即电磁相互作用和弱相互作用)会如此不同呢?显然,这是由于我们生活在较低的温度下所造成的结果。如果温度足够高(远比我们现在周围环境的温度高得多),那么可能真的会只有一种相互作用。但是,随着温度的下降,这两个方面又会分离。它们仍然是单一的相互作用,只是以两种截然不同的方式表现出来。

我们可以用类比的方法加以说明。例如,水存在有三种不同的形态:液态水、冰和水蒸气。对于那些对我们所在的世界并不熟悉的人来说，它们就可能会被看成是三种完全不同的物质，相互之间毫无关联。

现在，假设温度达到足够高，使得水都以水蒸气的形态出现。那么，水显然就成了具有一种性质的单一物质。但是，如果使温度下降，其中一部分水蒸气就会凝结成液态水，使液态水与气态水保持平衡。显然，这时它们就成了两种不同的物质，并具有两种完全不同的性质。

如果使温度继续下降，一部分水就会冻结，这时你就能得到处于平衡状态的冰、水和水蒸气。这三种形态的外观和性质均有很大的不同，但是，归根结底它们还是同一种物质。

因此，就存在这样一种想法：在宇宙最初形成时，它处于极高的温度下，大约有 10^{43} 度。在当时的那种条件下，就只有一种相互作用。随着温度的下降（按照我们现在测定的时间，非常迅速），引力相互作用明显地被分离出来作为一个独立的相互作用，并随着温度的继续下降而变得更弱。接着，强相互作用又分离出来了，最后，弱相互作用和电磁相互作用也分开了。

自然，这使得整个过程看上去仿佛被确定无疑地倒过来了，而一种单一的处理办法也许能将这四种相互作用归为一类。欲将电弱相互作用和强相互作用统一起来的各种想法已经取得了进展，而且许多科学家确信，发展"大统一理论"一定会成功。然而到目前为止，所有把引力相互作用也包括进来的尝试都失败了。这种现象仍然是一个难以解决的问题（对此我会在稍后做进一步论述）。

第十一章

夸 克

强子动物园

现在让我们关注一下已论及的各种亚原子粒子。首先是轻子,它们受到弱相互作用,带电的轻子也受到电磁相互作用,但都不受强相互作用。这些粒子似乎都是基本粒子,从未显示出存在任何内部结构。轻子包括3种味:电子和它的中微子、μ子和它的中微子、τ子和它的中微子。这些粒子又都有各自的反粒子,因此,轻子总共有12种。科学家们也不指望能再发现更多的轻子。

其次是交换粒子,它们促成了四种相互作用:引力子促成引力相互作用,光子促成电磁相互作用,中间玻色子(W粒子)促成弱相互作用,交换粒子π介子(由汤川秀树发现)促成强相互作用。引力子和光子是单一粒子,而中间玻色子(W粒子)和π介子则可以以带正电、带负电和电中性3种形式存在。这就是说,交换粒子总共有8种。科学家们也不指望有更多的发现。

剩下的就是受到强相互作用的粒子了。这些粒子中,我们最早知道的是重子;正是由于质子与中子以紧密结合的形式存在于原子核中,从而为强相互作用理论的发展提供了机遇。另外，π介子也是受强相互作用的介子。

受到强相互作用的重子和介子统称为强子（hadrons，该词源于一个意为"厚实"或"强壮"的希腊语单词）。这样，强子恰好与前面提到的轻子（leptons）相反，leptons源于意为"微弱"的希腊语单词。

假如质子、中子以及它们的反粒子，加上3种π介子就是全部强子的话，那么强子的总数应该是7种。其中3种π介子应算在交换粒子里面。这就意味着轻子、交换粒子和强子——包括它们的常态粒子和反常态粒子，加在一起总共只有24种粒子，从而使科学家们能面对一个比较简单的宇宙。

然而，随着粒子加速器变得越来越强大、越来越高效，能够产生的能量越来越高，物理学家发现，能量可以积聚成许多只在高能状态下存在的粒子。这些粒子都极不稳定，最多只能存在百万分之一秒，而且绝大部分粒子的存在时间更为短暂。

新发现的粒子包括属于轻子的τ子及其中微子、属于交换粒子的中间玻色子以及所有余下属于强子的大量新发现的粒子。

例如，1944年，人们发现了一种属于介子的新粒子。这种粒子被称为K介子（K meson），英语中通常被简称为kaon。其质量为π介子的3.5倍，约为质子的一半。

1947年，人们又首次发现了一组质量比质子和中子更大的粒子。这些粒子被称为超子（hyperons，源于希腊语中一个意为"超越"的单词），因为其质量超过了质子和中子。当时人们一直认为质子和中子是最重的粒子。

类似的事情还在不断地发生，最终人们发现了100多种不同的强子，这就意味着还存在100多种不同的反强子。它们有些在蜕变前只能存在一亿亿亿分之几秒，但它们还是属于同类粒子。

这使科学家们深感困惑。因为每种迹象都表明宇宙具有令人满意的简单性，而现在，"强子动物园"的出现又使一切沦为毫无目的的复杂状态。当然，人们试图找出所有这些强子之间的规律，以便找到能有效地将它们分类的办法。如果能够实现的话，人们就不必应付数目众多的单个粒子，而只需研究为数不多的几组。

例如，早在1932年，海森伯就指出，如果不考虑质子和中子是否带电荷，那么就可以将它们视为一种粒子的两种不同的态。虽然不可能用普通的术语来描述这两种态之间的差别，但是只要将一种态称为正的，而将另一种称为负的，这也就足够了。

1937年，美籍匈牙利物理学家维格纳提出，质子和中子类似于元素周期表中的同位素，这两种态也许可以用不同的自旋来描述，即可以用两种不同的自旋来描述不同态之间的差别。他把海森伯的态称为同位自旋（isotopic spin），通常简称为同位旋（isospin）。1938年，苏联物理学家凯默（N. Kemmer）指出，三种 π 介子——正的、负的和中性的——可以被当作同一种粒子的三种不同的同位旋态来处理。

同位旋之所以重要，首先在于它确实能将一些粒子分成组，从而降低了强子的复杂性。其次是因为它在强子之间保持守恒。这有助于了解"强子动物园"的意义所在，因为所有粒子都不是随机转变和发生相互作用的，而必须保持各种性质的守恒。这就限制了可以转变的粒子数量。需要保持守恒的性质种类越多，限制就越多，也就越容易了解所发生的事情。

例如，K介子和超子存在的时间长得惊人。K介子蜕变需要百万分之一秒，而超子的蜕变则需要将近十亿分之一秒。它们的蜕变产物的构成清楚地表明，它们是通过强相互作用形成的，因此应以同样的方式蜕变，即在一万亿分之一秒还不到的时间内蜕变。

但是，事实并非如此，它们存在的时间是其应有值的数千、甚至数百万倍,因而它们必定是以弱相互作用的方式在发生蜕变,这似乎很奇怪。事实上,它们也因此而被称为奇异粒子。

1953年,美国物理学家盖尔曼(Murray Gell-Mann,1929—　)提出,奇异粒子一定具有其他强子所不具备的特性。他自然有足够的理由将这种特性称为"奇异性"。

质子、中子和各种π介子各自的奇异数均为0,而K介子和超子则不然。在强相互作用中,奇异数保持守恒。K介子和超子不可能以强相互作用的方式蜕变,因为它们形成的π介子和质子的奇异数均为0,这就意味着奇异性的消失,从而违反了守恒定律。因此,K介子和超子必定以弱相互作用的方式蜕变,这样奇异性就不必保持守恒。这就是奇异粒子能存在如此长时间的道理。

在研究强子时,不一定总能确立或遵守守恒定律。在某种情况下,科学家们不得不对守恒定律作出修正。

早在1927年,维格纳就提出了宇称守恒定律。宇称很难从字面上进行解释,但在这里我们可以用奇数和偶数这两个概念来进行类比。我们知道,两个偶数之和总是偶数,两个奇数之和也总是偶数,而一个偶数和一个奇数之和却总是奇数。如果我们将某些粒子叫做偶宇称粒子,将另一些粒子叫做奇宇称粒子,那么它们的变化也必须遵循相同的法则:偶＋偶=奇＋奇=偶,偶＋奇=奇＋偶=奇。

然而,在20世纪50年代初,人们发现一种特殊的K介子具有一种奇怪的蜕变方式。它有时蜕变成2个π介子,有时却蜕变成3个π介子。2个π介子相加为偶宇称,而3个π介子相加则为奇宇称。问题是:K介子怎么会既具有奇宇称又具有偶宇称呢?

最简单的处理方法是假定确实存在两种十分相似的粒子,一种具有奇宇称,另一种具有偶宇称,分别用两个希腊字母命名为τ介子和θ介子。这样,除了无法区分τ介子和θ介子外,这一问题似乎已经得以解决了。

然而，问题并没有最终得以解决。μ子型中微子与电子型中微子不能通过任何可以测定的性质加以区分，而只能通过它们在不同相互作用中的变化加以区分。对于τ介子和θ介子而言，情况可能也是如此。

对于那两种中微子而言，除了接受这种难以区分的差别外似乎别无选择。对这两种介子也是如此。如果宇称不一定守恒，那么结果又会是怎样的呢？

美籍华裔物理学家杨振宁（Chen Ning Yang, 1922—　）和李政道（Tsung-Dao Lee, 1926—　）于1956年从理论上得出了这一结论，确信宇称是**不**守恒的，至少在由弱相互作用促成的那些反应中是这样。但是怎样才能证明这一点呢？

答案在于宇称守恒在某种程度上等同于左右对称的概念。换句话说，如果宇称是守恒的，如果某种相互作用产生了一束粒子流，那么，这些粒子会分成数量相等的左右两半。然而，如果宇称是不守恒的，那么这些粒子就会只偏向左边或只偏向右边。（科学家们之所以难以相信宇称是不守恒的，原因之一就是他们认为宇宙没有理由会存在左右之别。）

因此，另一位美籍华裔物理学家吴健雄（Chien Shung Wu, 1912—1997）在哥伦比亚大学主持了一个实验。她用放射性同位素钴60作为样品进行实验，发现钴60显然是通过弱相互作用蜕变生成β粒子。这些β粒子向各个方向离散，一定程度上是由于这些原子本身就朝着各个方向。因此，吴健雄便将样品放入强磁场中，从而使所有原子沿同一个方向排列。这就使它们可以沿同一方向放出β射线，但前提只能是宇称不守恒。当然，在常温下，原子会挣脱磁场的束缚，射向不同的方向；因此，吴健雄将钴60冷却至非常接近绝对零度。

如果宇称是不守恒的，那么β粒子应该只偏向一侧。到了1957年1月，已经没有人怀疑β粒子只偏向一个方向，以及在弱相互作用下宇称不守恒。当年,杨振宁和李政道获得了诺贝尔奖。

在其他类型的相互作用中,甚至在弱相互作用中,宇称是守恒的,这样就能用一个更具普遍性的守恒定律来替代原来的守恒定律。如果某特定的粒子是"左旋的",用宇称(P)表示,则它的带相反电荷(C)的反粒子便是"右旋的"。这就是说,如果将粒子与它的反粒子放在一起,则它的CP特性(同时考虑宇称和电荷)将是守恒的。

而此后,在1964年,美国科学家菲奇(Val Logsden Fitch,1923—2015)和克罗宁(James Watson Cronin,1931—2016)提出,即使CP也并非总是守恒的,还必须加入时间特性(T)。如果CP在一个时间方向上不守恒,那么它在相反方向也不会守恒。这就是目前人们认为的CPT对称就是弱相互作用中所指的守恒。为此,克罗宁和菲奇分享了1980年的诺贝尔奖。

1981年,盖尔曼着手利用一些守恒性质,将强子对称地分组,形成包含8个、9个或10个个体的多边形。这样,他便建立了粒子的族系,还引入了类似于元素周期表那样的排列表。与此同时,以色列物理学家内埃曼(Yuval Ne'eman,1925—2006)也在从事同样的工作。

当时,科学家们很难真正接受盖尔曼提出的排列表,就像一个世纪前科学家们难以接受门捷列夫的元素周期表一样。但是,当门捷列夫按周期表预言的一些尚未被发现的元素的性质被证实时,他赢得了科学家的信任。

盖尔曼设想了一个由10个粒子组成的三角形,排列成各种不同守恒特性的值,在点与点之间都以固定的、有规律的方式变化。但是,上顶点处的粒子与当时已知的任何粒子都不相符。

根据这种排列可以看出,这种未知粒子具有独特的性质,包括异常大的质量和异常高的奇异数。这种粒子被称为 Ω^- 粒子,但人们对它的存在与否尚有怀疑。

根据 Ω^- 粒子的性质特征,盖尔曼确信,它必定是由负K介子和质子的相互作用产生的。这些粒子以足够高的能量猛撞在一起，从而生成一种质量异常大的粒子，那便是 Ω^- 粒子。

然后，盖尔曼必须说服掌管大型粒子加速器的人进行该项实验。1963年12月，一个实验小组利用长岛布鲁克黑文（Brookhaven, Long Island）的加速器，着手将K介子猛地撞入质子。1964年1月31日，他们探测到的结果表明，所含的粒子只能是 Ω^- 粒子，因为该粒子显示的性质与盖尔曼预言的一模一样。1969年，盖尔曼因他的这项成就获得了诺贝尔奖。这时，盖尔曼的强子分类法已为人们接受，"强子动物园"也正在日趋有序。

强子内幕

仅仅将强子分成几群，并建立一种亚原子周期表是不够的。人们在研究出原子的内部结构，并认清壳层中的电子排列存在的巨大差异之前，是不可能对门捷列夫的周期表作出圆满解释的。

那么，对盖尔曼而言，似乎应该有一个关于强子的内部结构，用来说明其在各群中的呈现形式。这绝非站不住脚的想法。轻子是基本粒子，表现得就像是空间中的一些简单的点，没有内部结构，但对于强子而言，则并非如此。

而盖尔曼打算做的，是组成一个粒子群，它们也许是基本粒子，并具有这样的特性：如果以恰当的方式将它们放在一起，它们就会形成具有**各自特性**的所有不同类型的强子。某种组合会生成质子，另一种组合可能生成中子，还可以组合成各种π介子，等等。

盖尔曼开始着手进行这项工作并很快发现，如果他坚持这样的原则，即每个粒子所带电荷的大小必须与电子、质子或两者组合所带电荷的值相等，那么他的工作便无法进行下去。他发现，取而代之的结果是：组成强子的粒子必须携带分数电荷。

在这一点上盖尔曼有些畏缩不前。在人类研究带电粒子的全部历史中，哪怕是追溯到130年前法拉第刚开始研究电化学的时期，电荷似乎始终是以电子所带电荷的整倍数出现的，而且75年以来，人们一直认为电子所带电荷是最小的（显然是不可分割的）。

1963年，盖尔曼决定无论如何也要公开发表他的观点。他提出，强子由三种基本粒子组成，反强子由三种反粒子组成。每个强子由两个或三个这样的基本粒子组成，而介子和重子则分别由两个和三个这样的基本粒子组成。

盖尔曼把这些基本粒子称为夸克。夸克（quark）源于乔伊斯（James Joyce）的《芬尼根守夜》一书中出现过的一句话"Three quarks for Muster Mark"，可能是指有点离奇的东西。对于乔伊斯作品中的这句话我总喜欢将其解释为"Three quarts for Mister Mark"，即"马克先生要订三夸脱"，认为这代表了一张啤酒订单。对盖尔曼而言，却似乎存在这样一句话："Three quarks for Muster Hadron"。依照我的观点，不应该保留夸克这个称谓，因为它不太文雅。然而，这一名称一直保留至今，而且根深蒂固，可能连盖尔曼自己也会感到惊讶。

盖尔曼明确说明了三种夸克，并奇怪地把它们称为上夸克、下夸克和奇异夸克。（当然，这些形容词的选用并非取其字面含义。你可以将它们称为u夸克、d夸克和s夸克，或简单地用符号u、d和s表示。s有时据说代表"旁"（sideways）夸克，这是为了与**上**和**下**一致，但奇异（strange）一词更好一点，因为它意义更确切。）

u夸克所带电荷为 + 2/3，而d夸克则为 − 1/3。（自然，u反夸克所带电荷为 − 2/3，而d反夸克则为1/3。）每种夸克具有一系列数字，用以代表各种保持守恒的性质。当夸克聚合在一起时，组成的强子必须具有代表其性质的各种相应的数字。

显然,对于分数电荷必须要特别小心。当夸克聚合在一起组成强子时,也必须保证强子显示出来的总电荷为 +1、-1 或 0。例如,一个质子由两个 u 夸克和一个 d 夸克组成;因此,其总电荷为(+2/3) +(+2/3) +(-1/3)= +1。而一个反质子由两个 u 反夸克和一个 d 反夸克组成;其总电荷为(-2/3) +(-2/3) +(+1/3)= -1。一个中子由一个 u 夸克和两个 d 夸克组成[(+2/3) +(-1/3) +(-1/3)],其总电荷为 0;而一个反中子则由一个 u 反夸克和两个 d 反夸克组成[(-2/3) +(+1/3) +(+1/3)],其总电荷也为 0。

一个正 π 介子由一个 u 夸克和一个 d 反夸克组成[(+2/3) +(+1/3)],其总电荷为 +1;而一个负 π 介子则由一个 u 反夸克和一个 d 夸克组成[(-2/3) +(-1/3)],其总电荷为 -1。

s 夸克因其组成奇异粒子而得名。s 夸克所带电荷为 -1/3,奇异数为 -1;而 s 反夸克所带电荷为 +1/3,奇异数为 +1。

正 K 介子含有一个 u 夸克和一个 s 反夸克[(+2/3) +(+1/3)],其总电荷为 +1,奇异数为 +1。负 K 介子由一个 u 反夸克和一个 s 夸克组成[(-2/3) +(-1/3)],其总电荷为 -1,奇异数为 -1。

一个 Λ 粒子(一种中性超子)由一个 u 夸克、一个 d 夸克和一个 s 夸克组成[(+2/3) +(-1/3) +(-1/3)],其总电荷为 0;一个 Ω⁻ 粒子则由三个 s 夸克组成[(-1/3) +(-1/3) +(-1/3)],其总电荷为 -1。Λ 粒子和 Ω⁻ 粒子均为奇异粒子。

各种不同的强子都是以这种方式组成的,任何一种组合都只能使产生的总电荷为 0、+1 或 -1。

但这一切都是真的吗?夸克真的存在吗?会不会只是一种文字游戏呢?别忘了,一张 1 美元的纸币,其价值可由各种硬币——5 角、2 角 5 分、1 角、5 分和 1 分——组合而成,但是,如果 1 美元纸币被撕成碎片,那么任何一个碎片的价值都无法用硬币来弥补。

那么，假设你能将强子"撕"开，会不会有夸克从里面"滚"出来呢？或许这只是书本上说说而已呢？遗憾的是至今还没有人能成功地将强子"撕"开，或确确实实生成自由夸克。如果生成了自由夸克，那是很容易验证的，因为它带的是分数电荷。不过有些科学家认为这是不可能的，即使是理论上也不可能将夸克从强子中拖出来。就算这是可能的，我们肯定还没有能力用足够高的能量来达到这一目的。不过，有间接的证据可以证明夸克确实存在。

1911年，卢瑟福描述了他所做的用α粒子轰击原子的实验。这些α粒子中的绝大部分，在穿过原子时就像穿过没有任何物体的空间一样；但是，其中有些α粒子则发生了散射。每当它们碰到原子内部的某些微小物体时，就会发生偏转。卢瑟福由此推断，在原子内部存在着一种微小的有质量的点——原子核。

那么就不能用具有极高能量的电子去轰击质子，从而使这些电子发生散射吗？根据实验结果，就不可能推断出质子内部存在散射点，从而证明那里确实存在夸克吗？

20世纪70年代初，弗里德曼（Jerome Friedman）、肯德尔（Henry Kendall）和泰勒（Richard Taylor）在斯坦福（大学）直线加速器上完成了这项实验，并因此获得了1990年的诺贝尔物理学奖。美国物理学家费恩曼（Richard Phillips Feynman，1918—1988）令人满意地解释了该实验结果。他曾在1965年获得过诺贝尔奖，其获奖原因我将在后面提及。到了1974年，尽管人们从未探测到自由状态的夸克，但夸克**确实**存在这一点已毋庸置疑。

费恩曼将这些位于质子内部的粒子称为部分子。（我认为这个名字比夸克好得多。或许费恩曼与我一样，认为夸克一词不大好听，或许他认为盖尔曼的夸克理论与实际情况并不相符。）

可是现在可能又会出现麻烦。当我们的研究深入到原子时，结果表明存在着许多不同种类的原子,因而丧失了事物的简单性。而当我们的研究更进一步深入到亚原子粒子,想要恢复事物的简单性时,结果表明存在着许多不同种类的亚原子粒子,事物的简单性又一次丧失了。现在我们的研究深入到了夸克,结果是否也会表明存在着许许多多不同种类的夸克呢?

有些人认为,至少还应该存在另外一种夸克。其中一位持这种观点的人便是美国物理学家施温格(Julian Seymour Schwinger, 1918—1994),他于1965年与费恩曼分享了诺贝尔奖。在施温格看来,夸克是一种类似于轻子的基本粒子。他确信,夸克是没有内部结构的点粒子(我们确定其直径几乎为0),而且这两组基本粒子间应具有对称性。

当时人们已经知道有两种不同味的轻子——电子及其中微子、μ子及其中微子——因此就有两种不同味的反轻子。因而也应该有两种不同味的夸克。第一种味的夸克是u夸克和d夸克(当然包括它的反夸克),第二种味的夸克是s夸克和……如果存在第四种夸克,那么包含这种夸克的粒子一定尚未被发现,不过这也许是因为第四种夸克和含有这种夸克的粒子实在太重,需要非常高的能量才能生成这种粒子。

1974年,美国物理学家里克特(Burton Richter,1931—2018)领导的研究小组使用强大的斯坦福(大学)正电子—电子加速环生成了一种质量很大的粒子——其质量相当于质子的3倍。具有如此质量的粒子应该会在极短暂的一瞬间发生蜕变,但它却并非如此,而能持续存在。因此,它必定含有一种新的夸克—— 一种类似于s夸克的新夸克(但它比s夸克重得多),是它通过强相互作用阻止了蜕变。

这种新粒子被称为粲粒子,因为它的寿命很长,估计它可能含有"粲夸克"或c夸克,这就是施温格一直在寻找的第四种夸克。这种夸克确实比其他三种夸克重得多。与此同时,美籍华裔物理学家丁肇中(Samuel Chao Chung Ting,1936—)在布鲁克黑文进行了同样的研究工作,并得到了相同的结果。为此,里克特和丁肇中分享了1976年的诺贝尔奖。

然而,到这时,人们已经发现了第三种味的轻子,其表现形式为τ子、τ子型中微子以及它们的反粒子。那么,这是否意味着应该有第三种味的夸克呢?

1978年,人们确实发现了第五种粒子,它被称为底夸克或b夸克。科学家们认为必定还存在第六种夸克,他们把它称为顶夸克或t夸克,但是它至今尚未被发现,估计是因为它实在太重了。(一些科学家更乐意认为b和t分别代表"美丽"和"真理"。)

量子色动力学

就像我们拥有三种味的轻子一样,我们现在有了三种味的夸克。每一种味包括两种轻子或两种夸克,以及两种反轻子和反夸克。这就是说,总共有12种轻子和12种夸克。有了这24种粒子,再加上交换粒子就组成了整个宇宙(或者说目前看起来是这样)。这就使我们背离了可以容忍的简单性——至少目前是这样。就像我将在稍后解释的那样,这种情况也许不会继续下去。

两种粒子间的相似性是很有趣的。就轻子而言,第一种味的轻子由带一个负电荷的电子和不带电荷的电子型中微子组成。这种构成形式在其他两种味的轻子中重复出现:带一个负电荷的μ子和不带电荷的μ子型中微子,以及带一个负电荷的τ子和不带电荷的τ子型中微子。自然,反粒子刚好与之相反,三种味的反粒子所带电荷均为+1和0。

对夸克而言,第一种味的夸克包括u夸克($+2/3$)和d夸克($-1/3$)。这种构成形式也出现在第二和第三种味的夸克中,分别为c夸克($+2/3$)和s夸克($-1/3$)、t夸克($+2/3$)和b夸克($-1/3$)。同样,对反夸克而言,构成形式与之相反。

当然,这种比较并不确切。轻子所包含的粒子都带整数电荷或零电荷,而夸克则不然,它所包含的粒子都带分数电荷。

另外,就带电荷的轻子而言,粒子的质量随味的增加而增大(不带电荷的中微子为无质量粒子)。假如我们将电子的质量设定为1,那么μ子的质量为207,而τ子的质量约为3500。对夸克而言,质量也随味而增大,但是不存在无质量的夸克,也许是因为不存在不带电荷的夸克。

就第一种味的夸克而言(如果我们仍将电子的质量当作1),u夸克是所有夸克中质量最轻的夸克,其质量为5,而d夸克的质量为7。对于第二种味的夸克,s夸克的质量约为150,而c夸克的质量约为1500。c夸克的质量几乎与质子相同,这就是需要如此高的能量来生成粲粒子以及很晚才发现它们的原因。

第三种味的夸克的质量更大。b夸克的质量约为5000,几乎是质子质量的3倍,这就是这种粒子的发现甚至比c夸克更晚的原因。t夸克至今尚未找到,对于其质量也未获得可靠的数据,但是估计其质量至少高达质子质量的25倍,这就是它至今还未被发现的原因。

当然,仅将所有的夸克列出是远远不够的,人们还必须通过研究弄清楚它们的作用机制。例如,1947年,三位物理学家各自用三种略有不同的方法确切地描述了电子和质子的相互作用情况,从而说明了电磁相互作用的机制。这三种方法都有确切的根据,并且在本质上是相同的。

其中两位物理学家分别是施温格和费恩曼,第三位是日本的朝永振一郎(Sin-itiro Tomonaga, 1906—1979)。(朝永振一郎也许是首先完成这项研究的人,但是,由于第二次世界大战激战正酣,日本科学家们陷于孤立,他直到战争结束后才得以发表他的观点。)这三位科学家分享了1965年的诺贝尔奖。

上述理论被称为量子电动力学,实践证明它是迄今已创立的最成功的理论之一。该理论极其精确地预言了包括电磁相互作用在内的一些现象，并因其系统的阐述，至今还未做过任何改进。

科学家们原以为在量子电动力学中使用的技术自然也能用于研究强相互作用和弱相互作用的细节，但一开始就令他们感到失望。最终，温伯格和萨拉姆能够将电磁相互作用和弱相互作用统一起来，但对于强相互作用至今还存在一些问题。

例如，夸克具有半自旋，因此它们就像轻子一样是费米子。1925年由泡利首先提出的不相容原理表明，两个全同（所有量子特性都相同）的费米子不能出现在同一系统中。它们的量子数总会存在某些差别。假如我们试图将两个具有相同量子数的费米子捏在一起，那么它们之间就会出现一种远大于电磁斥力的相互排斥力。然而，事实表明，对一些强子而言，三个相同的夸克可以挤在同一个强子中，好像并不存在不相容原理似的。例如，Ω^- 粒子就是由三个 s 夸克组成的。

然而，人们还是极不愿意放弃不相容原理，因为它适用于亚原子物理的其他各个方面，而对于夸克，科学家们也竭力想要挽救这一原理。表面相同的夸克也许在其他方面存在某些不同。例如，如果存在三种不同的 s 夸克，从每种里取出一个，将它们"压"入一个强子中，就不会违背不相容原理。

从1964年起，几位物理学家——包括马里兰大学的格林伯格（Oscar Greenberg），芝加哥大学的美籍日裔物理学家南部阳一郎（Yoichiro Nambu，1921—2015）和锡拉丘兹大学的韩木用（Moo-Young Han）——都在从事夸克种类的研究工作。

他们认为，夸克的种类与亚原子物理中的其他任何东西都有所不同，无法对其作出确切的描述，只能冠以名称，并说明它们是如何起作用的。用以区别夸克的名称是色。

当然，一方面，这个名称取得不好，因为按照通常的观念，夸克是没有颜色的。但另一方面,它又是个绝妙的名称。众所周知,在彩色照片和彩色电视中,红、绿、蓝三种色彩组合在一起会给人以无色的观感,也就是白色。如果每个夸克也分别以红、绿、蓝等不同颜色出现,那么从每种色的夸克中各取一个组合在一起便会使色消失而变为白色。强子的每个夸克组合必定呈现白色。人们已知的强子中没有一个是有色的,因为其所含夸克的色是不均衡的。

这就解释了为何每个重子由三个夸克组成,而每个介子却只含两个夸克(或仅含一个夸克和一个反夸克)。因为只有这样的组合才是无色的。

一旦将色列入考虑之中,以前一些没有考虑色而显得异常的现象看起来都十分正确了。由于这个原因,色夸克的概念很快便为科学家们所接受。

那么,如果三种味的夸克中包含了六种不同的夸克和六种不同的反夸克,而每种夸克又包含了三种不同色的夸克,总共就有36种色夸克。这虽然增加了情况的复杂性,但也给了科学家们一个机会去发展夸克特性理论。该理论的价值接近于量子电动力学。这种新理论被称为量子色动力学(chromodynamics,该词的前缀 chromo 源于希腊语单词"色")。这个新理论的很大一部分是盖尔曼在20世纪70年代研究得出的,是他首先提出了夸克的概念。

强相互作用实质上是夸克之间的相互作用。由夸克组成的强子之所以受到强作用力的作用,是因为它们由夸克组成。π介子似乎是这种次级强子相互作用的交换粒子,它们之所以是交换粒子只因为它们也是由夸克组成的。换句话说,归根结底,**基本的强相互作用必须归结于夸克**。

如果情况真是这样,那么在夸克一级必定存在某种交换粒子。盖尔曼为这种新的交换粒子取了个名字。他把它称为胶子,因为它是使夸克聚合在一起的"黏合剂"。

胶子具有异乎寻常的性质。对其他交换粒子而言,受相互作用的粒子之间的距离越远,活跃在它们之间的交换粒子就越少,产生的相互作用也就越弱。两个物体之间的引力相互作用和电磁相互作用的大小与物体之间距离的平方成反比。而强子之间的弱相互作用和次级强相互作用的强度随距离增大而衰减得更加迅速。

然而,对于夸克和胶子来说,就完全是另一种情况了。如果你想要将两个夸克拉开,那么活跃在它们之间的胶子数就会增多。这等于说,夸克之间的吸引力随距离增大反而增强。

在强子内部,夸克可以自由自在地移动,并随着它们的疏远会变得更"黏"。这就是说,夸克受到粒子禁闭;它们只能舒适地存在于强子的内部。由于这个原因,科学家怀疑,我们也许永远不能对自由夸克进行研究,没有任何办法能使夸克离开强子。当然,强子本身是可以从一种强子变成另一种强子的,即其内部可以包含2或3个夸克(这样可以使它们自己从一种色变为另一种色)。

从另一方面看,胶子比其他交换粒子更为复杂。引力子是通过带质量的粒子进行交换的,但是引力子本身并没有质量。光子是通过带电荷的粒子进行交换的,但是光子本身却不带电荷。而胶子本身是有色的,它又是在有色的粒子之间进行交换的;因此,胶子能相互粘在一起。这便是说胶子是个好名字的另一个原因。(有些科学家将粘在一起的成对胶子称为胶球。)

胶子能使夸克改变色(但不能改变味)。一种胶子能将一个红夸克变成一个相同味的绿夸克,另一种胶子能将红夸克变成蓝夸克,如此等等。考虑到所有可能改变的色,必定存在8种不同的胶子。这就又增加了复杂性。我们已经有了1种引力交换粒子,1种电磁交换粒子,3种弱交换粒子,现在再加上8种强交换粒子,总共就有13种交换粒子。

　　不管怎么说,量子色动力学是以具有3种味和3种色的夸克,以及8种有色的胶子(总共44种粒子)为基础的,这是一个成功的理论,科学家们期待着能用它不断地解释所有发生在强子内部及外部的现象以及它们的作用。

第十二章

宇 宙

短缺质量之谜

科学家们所做的有关亚原子物理的观测和实验,大部分是在地球上完成的。那么,我们怎样才能知道这些结果是否同样适用于其他世界——通常所说的星星或者宇宙呢?

为了达到这一目的,首先,我们直接研究了月球、火星和金星的表面,并通过发射装有先进仪器设备的火箭探测器,研究了我们所在的太阳系中其他天体的表面——尽管尚未做到实际的直接接触。我们甚至还获得了以陨石的形式到达地球的宇宙物质碎块。但是没有一项调查能够为我们提供任何有关亚原子的意外发现。科学家们十分肯定,太阳系中所有的行星类天体都是由与地球相同的物质组成的,因此,必定遵循相同的法则。

但是,看起来与太阳系中所有其他成员差别如此之大的太阳,它的情况如何呢?从太阳来到我们身边的带电粒子,大部分是质子,也有中微子,这些都是我们预料中的粒子。

那么,太阳系以外的宇宙又是怎样的呢?1987年,我们曾经接收到大麦哲伦星云中爆发的超新星释放出来的中微子,而我们还经常接收到来自宇宙的宇宙线(大部分是质子和α粒子)。这些粒子表明,宇宙也遵循我们在地球上已经得出的法则。

我们从宇宙中获得的最重要的信息一般都是以光子的形式出现的。我们确实**看见了**太阳和星星,甚至看见了距我们几十亿光年的星系。我们也能探测到由于能量太高或太低而使肉眼无法看见的光子——γ射线、X射线、紫外线、红外线以及无线电波。

我们根据获得的光子就可以清楚地知道那些发射这些光子的天体的化学结构。天文学家感到非常满意的是,组成恒星和星系的物质与组成太阳的物质很相像。组成太阳的物质又与地球上的物质相像(考虑到太阳的温度要高得多)。

但是,我们真的看到或感觉到这些光子确实存在吗?宇宙中是否存在着不辐射光子的物体呢?确实没有!宇宙中的每一个天体都处于平均宇宙温度(约为3K)的空间环境中,这就意味着几乎每个天体都会辐射光子。但是,有些辐射由于强度不够或能量不够,而使我们无法捕捉到。

有许多恒星非常昏暗,除非离我们相当近,否则即使我们使用目前最好的仪器也无法看到它们。在其他星系中当然也有行星,其表面与我们太阳系中的行星表面一样寒冷,它们所辐射出的微弱的无线电波被淹没在其围绕的恒星的光辉里了。

不管怎么说,认为宇宙的绝大部分质量是以恒星的形式存在,这似乎是很合理的。而由于其太冷、太微弱致使我们不能觉察到的那部分质量,其数量不是很大。举例来说,在我们所处的太阳系中,所有围绕太阳的行星、卫星、小行星、彗星、流星以及尘埃,只占太阳系总质量的0.1%,而太阳则占了另外的99.9%。似乎有充分的理由可以证明,总的说来其他恒星相对于围绕它们的天体,也像太阳系那样,占绝对的支配地位。

当然,在宇宙中可能存在某些地方,那里的条件非常极端,以至于我们所得出的自然法则不一定会得到遵循。最有可能发生这种情况的地方便是黑洞。在那里,物质被压缩成密度接近无穷大的状态,并产生了一个引力强度接近无穷大的小区域。然而,我们还不能详细地研究黑洞,到目前为止,我们甚至还不能完全无误地识别出任何一个黑洞。但是,假如黑洞存在的话,它们可能遵循着某些我们尚未得知的法则。

在宇宙诞生后的最初瞬间还存在着另一方面的不确定性,当时的情况非常极端,我们的物理理论框架也许不太适用。(关于这一点我将在稍后作简要说明。)然而,似乎没有任何事物能永远不令人感到惊奇。我们研究的所有来自外部宇宙的光子都是电磁相互作用的产物,而惊奇则来自另一种长程相互作用——引力的影响。

我们无法探测到引力子,但是我们**可以**探测到引力对恒星和星系运动所产生的效应。我们可以测出自转中的星系结构不同部分的旋转速度。我们假定这种旋转运动是由星系内的引力驱动的,就像太阳系中行星的旋转运动是由太阳的引力效应驱动的一样。

由于太阳系99.9%的质量都集中在太阳中,因而太阳的引力效应遍及太阳系中其他所有的一切。除了做一些小小的修正外,只需要考虑这种效应即可。行星距太阳愈远,太阳的引力对它的影响程度就愈小,它运转的速度也就愈慢。这种运动速度随距离而变的结论最早是由德国天文学家开普勒(Johannes Kepler, 1571—1630)于1609年得出的,并于1687年由牛顿用万有引力定律加以解释。

正如太阳系那样,星系的质量也都集中于各自的中心,虽然不像太阳系那样极端。随着人们逐渐接近星系的中心,我们可以**看见**的恒星数量也愈来愈多,由此似乎可以得出一个合理的结论:所有大星系的大约90%的质量都包含在位于核心的一个相当小的体积内。因此,我们可以认为,围绕星系中心旋转的恒星,随着它们逐步远离中心,运转的速度会愈来愈慢。但是,这种情况并没有出现。显然,星系中的恒星,在做远离中心的运动时,仍以几乎相同的速度运转。

没有一个科学家想要放弃引力定律(虽然它已被爱因斯坦的广义相对论修正、扩展,但是并没有被代替),因为似乎没有任何其他定律能代替它来解释宇宙中普遍发生的现象。所以,我们必须假设星系的质量**并不**集中在核心,而是比较平均地分布在整个星系中。但是,我们**看到**的质量又都是以恒星的形式出现的,是很集中的,这究竟是怎么回事呢?

我们可以得出的唯一结论就是:在核心外围必定还存在着我们**看不见**的物质。它就是"暗物质"。它没有释放任何能让我们感觉得到的光子,但是却发挥其引力效应。事实上,从引力的角度来看,我们不得不认为,星系的质量可能比由其辐射出的光子看到的质量重许多倍。在对星系的自转进行研究之前,我们显然没有察觉到星系的大部分质量。

另一种观点是:星系以星系团的形式存在。在星系团内部(每个星系团可能由数十至数千个星系组成),每个单独的星系就像一群蜜蜂一样,不停地运动。星系团则依靠组成星系团的各个星系之间引力的相互吸引聚集在一起,但是星系的质量——如果只算通过我们所能探测到的光子**看到**的质量——显然不能提供足够的引力使星系团维系在一起。然而,星系团显然是**能够**维系在一起的。所以,一定还有我们没有察觉到的质量。星系团愈大,我们不能确定的质量也就愈大。宇宙的质量很可能是我们能够看到的质量的100倍。这种现象就是人们所说的"短缺质量之谜"。这究竟是怎么一回事呢?

最简单的答案是,假定每个星系中都含有大量较小的、非常昏暗的恒星、行星和尘云。问题在于这种假设并不合理,因为根据我们了解的宇宙情况来看,如果上述假定成立,这些物质所占比例似乎非常大,其质量可达我们所见的恒星总质量的100倍。

那么,就让我们深入到亚原子世界。就我们所知,大约90%的宇宙质量由质子构成。在数量上与质子相当或超过质子的亚原子粒子仅有电子、光子和电子型中微子几种。电子的数量与质子相等;而光子和电子型中微子,各自的数量均为质子的10亿倍。但是,电子仅有很微小的质量,光子和电子型中微子则根本没有自身质量。电子、光子和电子型中微子都在快速运动着,并具有与其质量相当的运动能量,但是产生能量的质量却极小——小到可以忽略不计。这就使得质子成为唯一的宇宙质量物质。

那么是否可以认为短缺质量是由我们所不知道的另外一些质子构成的呢?答案似乎是不!天文学家们有办法估算出宇宙中的质子密度,因此,我们可以确定在星系和星系团所占据的区域内有多少看得见或看不见的质子。目前存在的质子数量最多只占短缺质量的1%。可见,无论短缺质量是什么,都不可能是质子。

那么剩下的就只有电子、光子和电子型中微子了。我们可以十分肯定,电子和光子不可能提供短缺质量,但对于电子型中微子我们就不那么肯定了。

1963年,一个日本科学家小组提出,电子型中微子可能具有微小的质量,比如只是电子质量的多少分之一。如果真是这样的话,那么μ子型中微子可能具有稍大一些的质量,而τ子型中微子的质量则更大。所有这些质量可能都很小,但不完全是零。

如果情况真是这样的话,那么中微子以小于光速的速度运动——虽然可能小得不多——而且每种中微子的运动速度都略有不同。因此,三种不同味的中微子会发生振荡,从一种味迅速转变成另一种味。

这就意味着,如果有一束电子型中微子从太阳出发,大约8分钟后,它将结束它的1.5亿千米的行程到达地球,这时,出现在地球上的将是由相同数量的电子型中微子、μ子型中微子和τ子型中微子组成的中微子束。

这确实是十分有趣的,因为几十年来,莱因斯一直在使用只能探测到电子型中微子的装置探测来自太阳的中微子。如果中微子是在振荡的,那么他接收到的中微子束应该只含1/3的电子型中微子,而不是全部电子型中微子。他只探测到了1/3的中微子,这就能解释为什么他接收到的电子型中微子数目总是那么少。

1980年,莱因斯宣布,他所做的实验使他有理由相信,确实存在振荡现象,而且中微子**的确**具有很小的质量。如果真是这样的话,那么不仅能解释来自太阳的中微子短缺现象,而且能够解释短缺质量之谜。宇宙周围有无数个中微子在浮动,尽管每个中微子的质量只是一个电子质量的1/10 000,但这足以使中微子的总质量达到宇宙中质子总质量的100倍。此外,这种质量微小的中微子也许可以用来解释星系最初是如何形成的。这是一个至今一直令天文学家感到头痛的问题。

可能存在质量微小的中微子的结论会使许多问题基本得以解决,这使得人们宁愿相信这一想法是正确的。唯一的问题在于至今还没有人能证实莱因斯的报告。一般来说,应该认为他的想法是错误的。无论一个理论多么完美、多么令人满意,但如果它不适用于宇宙,那就必须被放弃。

然而,即使短缺质量既不是质子也不是中微子,但它似乎总是存在的。那么,它究竟是什么呢?近年来,物理学家们一直在致力于能使强相互作用与电弱相互作用统一起来的理论研究。这些理论中,有些需要发明一些新的奇特粒子。也许用这些至今从未被观测到的,而只存在于某些富于想象力的科学家们脑海里的粒子,就能说明短缺质量。如果这样,我们就必须等待可以支持这些先锋派理论的实际观测结果了。

宇宙的终结

对于偶尔才进行一次观测的人来说,无论是用肉眼还是用各种各样的仪器,宇宙看起来似乎是没有变化的。但是,宇宙确实在变化,并且很可能具有周期性。如果有一些恒星发生爆发,那么就会有另一些恒星形成。似乎没有理由认为宇宙必须有终结或开始,除非有非周期性的无法抗拒的事件发生:宇宙膨胀。

故事发生在1912年,当时美国天文学家斯里弗(Vesto Melvin Slipher,1875—1969)开始着手研究某些特定星云的光谱。其实那是一些位于我们所在的银河系外距离十分遥远的星系,但在当时,人们还不知道。根据光谱,斯里弗可以识别光谱线究竟是朝光谱的紫光端移动(这时星云正在向我们靠近)还是朝光谱的红光端移动(这时星云正在远离我们)。

到1917年,斯里弗发现他所研究的15个星云,除了两个以外,其他星云的光谱线都显示出向光谱的红光端移动,即它们正在后退。其他一些天文学家也开始进行该项研究,而当这些星云被认为是遥远的星系时,研究结果表明,除了斯里弗已经注意到的那两个逼近的星系外(这是两个异乎寻常地向我们接近的星系),所有的星系都在向后退。而且星系越是昏暗,发现其后退得越快。

20世纪20年代末,美国天文学家哈勃(Edwin Powell Hubble,1889—1953)收集到的数据足以显示:宇宙正在膨胀,组成宇宙的星系团彼此之间正在远离。

从理论上讲这也是合情合理的。1916年,爱因斯坦发展了他的广义相对论,这一理论比牛顿的理论更为准确地描述了引力。实际上,爱因斯坦得出的描述引力的方程为宇宙学(将宇宙作为一个整体进行研究)打下了基础。

起先,爱因斯坦假设宇宙总的来说应该是不变的,并根据这一假设调整了他的方程式。1917年,荷兰天文学家德西特(Willem de Sitter,1872—1934)证明,如果能正确解出未经调整的方程,这一方程就表明宇宙正在膨胀。哈勃的观测结果证明这个理论是正确的。

现在的问题是:宇宙的膨胀将会持续多久?宇宙各部分之间相互的引力会阻止宇宙膨胀。那么,只有克服引力的吸引,宇宙才会发生膨胀,就像从地球表面用力向上掷出一个物体,这个物体只有克服地球引力才能向上运动。

我们通常会有这样的经验:一个在普通环境下被向上掷出的物体,最终总会不敌地球引力的吸引。它的上升速度会减小为零,于是便开始被拉回到地面。向上掷物体时用的力量越大,物体上升的初始速度就越快,它升得也就越高,在空中运动的时间也越长。

如果从地球上以足够的力(即足够的初始速度)将物体向上发送,那么,它就**再也不会**落回来了。地球对物体的引力会随物体与地球中心之间距离的逐渐增大而减弱。如果物体向上运动的速度足够快(每秒11千米),那么不断减弱的引力强度将不足以将它拉回。这就意味着每秒11千米是物体摆脱地球引力的逃逸速度。

那么,我们也许会问:宇宙向外膨胀的速度是否达到了能够摆脱向内引力的逃逸速度呢?如果宇宙膨胀的速度超过了逃逸速度,那么宇宙将永远不断地向外膨胀。那么它便是一个开宇宙。但是,如果宇宙膨胀的速度低于逃逸速度,那么宇宙的膨胀将逐渐减缓,最终将会停止。然后,宇宙将开始收缩。那么它便是一个闭宇宙。

无论宇宙是开的还是闭的,也无论宇宙最终会是一个不断膨胀的稀疏的物质球,或是一个不断收缩的稠密的物质球,在我们每个人的一生中,甚至在我们所在的行星系的生命周期中,它都不可能对我们产生影响。但是,科学家对此却十分好奇。为了得出结论,他们试图估算出宇宙膨胀的速率。另外,他们也想估算出宇宙中物质的平均密度,以便能对向内的引力强度有个概念。这两项测定都很难实施,而且结果也只能是近似值。最终的结论是:宇宙的密度只有终结膨胀所需密度的1%左右。因此,看起来宇宙是开的,并且将永远膨胀下去。

不过先别着急!上述宇宙中物质密度的测定只是基于我们所能探测到的物质——而对于暗物质又是如何的呢?如果宇宙中确实存在暗物质,而我们尚未确定它们的性质,也许这种物质的质量是我们**能够**探测到的物质质量的100倍,那么,这会足以使宇宙成为闭的。因此,最终我们仍无法肯定,宇宙究竟是开的还是闭的。

另一种可能是,宇宙中存在着足够的暗物质,使得宇宙刚好处于开和闭的分界线(或非常接近此分界线)。也就是说,宇宙是"平直的"。这将是一个惊人的巧合,给人的感觉是:如果宇宙是平直的,那一定有其理由。

可见,从宇宙论的角度来看,知道暗物质是否确实存在,如果它存在的话,又是由什么组成的,这是多么重要。当答案出现的时候,它一定出自亚原子粒子领域。由此可见,知识的发展确实是整体的。我们对已知的最大物体(即宇宙)的认识和理解还是取决于我们对已知的最小物体(即亚原子粒子)的认识和理解。

亚原子粒子可能影响宇宙终结的另一方面出现在对强相互作用和电弱相互作用统一的尝试之中。1973年,电弱理论的创立人之一萨拉姆首先做了这方面的尝试,并解决了这一问题。

既然电弱相互作用涉及轻子,而强相互作用涉及夸克,统一理论就必须表明轻子和夸克具有基本的相似性。也就是说,在某些情况下,一种粒子可以转变为另一种粒子。通常认为夸克可以转变为轻子,因为这时质量与能量是趋于下降的。

假设质子中的夸克转变成了轻子,那么这个质子就不再是一个质子了,它将蜕变成一些质量较轻的粒子,如K介子、π介子、μ子和正电子(它们都肯定带电并保持电荷守恒)。K介子、π介子和μ子最终将蜕变为正电子,这就意味着,总的来说,质子将会变成正电子。

这就违背了重子数守恒定律。但是,所有的守恒定律都只是根据观测结果得出的推论。我们从未观测到任何会改变独立系统中的重子数的变化。所以,我们也就自然而然地**认为**,永远不会发生这种变化——于是就得出了守恒定律。不过,无论守恒定律如何有效、如何方便,它们仍然只是假设。科学家有时必须要准备接受这样的事实,那就是某一给定的守恒定律并不一定在所有可能发生的情况下都适用。就像我前面所解释的那样,科学家们发现,宇称守恒定律就属于这种情况。

此后的几十年中,科学家们一直在对质子进行深入细致的研究,但是,从来没有发现质子会发生蜕变。另一方面,由于科学家们坚信质子不会发生蜕变,他们一直没有把研究重点放在肯定这一结论上。

另外,现存的相互作用统一理论(有几个变种)表明,质子的半衰期极长。要使任何一种给定物质试样中的半数质子发生蜕变就需要10^{31}年(1000万亿亿亿年)。既然宇宙至今只经历了150亿年,那么质子的半衰期相当于宇宙年龄的7×10^{22}倍。所以,在宇宙的整个生命过程中,已蜕变的质子数与总数相比实在微不足道。

但是,它并不是零!在一个装有大约20吨水的水箱中你可以发现这么多质子,如果开始时你有10^{31}个质子,这些质子中每年只有一个质子会有机会发生蜕变。要在20吨水中探测那样一个质子,并确认该质子的蜕变是由于一个夸克转变成了一个轻子,这并不是件轻而易举的事。虽然科学家们对研究这一课题做了一些初步尝试,但仍没有成功地发现这样的蜕变。

研究工作的成败是非常重要的。如果成功,就会朝确立相互作用统一理论——也就是所谓的大统一理论——的正确道路向前迈进一大步;如果失败,则会使人们对它产生怀疑。

接着,还要考虑光对宇宙命运的影响。如果宇宙是开的,并且永远膨胀下去,那么它所含的质子数就会慢慢地减少。最终它将变成一个大得无法想象的轻子薄云——电子和正电子(当然还有光子和中微子)。

当然,我们也怀疑随着宇宙年龄的不断增长,它将会聚集成黑洞——而我们对于在这些黑洞中心具有怎样的自然规律还没有丝毫概念。在这些中心会不会有某种强子?它们会不会非常非常缓慢而又确确实实地发生蜕变? 黑洞最终会不会消失?这些问题也许永远都是个谜。

宇宙的开端

目前,宇宙仍在膨胀。无论它是开的还是闭的,它**目前**正在膨胀。这就意味着去年的宇宙比今年小,前年则更小,以此类推。

展望未来,我们至少可以相信,这种膨胀是无止境的,因为宇宙可能是开的,并且可能会永远膨胀下去。但是,如果我们回顾过去,那就不可能是永无止境的了。宇宙会越变越小,而在很久很久以前的某一时刻,可以认为宇宙缩小到了某个最小尺寸。

第一个详细指明这一点的人是比利时天文学家勒梅特(Abbé Georges Henri Lemaitre,1894—1966)。1927年,他指出,追溯过去,总会存在那么一个时刻,那时宇宙的物质及能量完全挤压在一起,成为一个极度密集的质量团。他称之为宇宙蛋,并认为它是不稳定的。然后,宇宙发生了只有在想象中才可能出现的最巨大的、毁灭性的爆炸。那次爆炸至今仍以膨胀宇宙的形式影响着我们。美籍俄国物理学家伽莫夫(George Gamow,1904—1968)称之为大爆炸,而后这个名字便保留了下来。

很自然，对于大爆炸的观点会有一些反对意见。人们还提出了其他一些解释膨胀宇宙的设想。这种争论一直持续到1964年才得以平息。那时，美籍德国物理学家彭齐亚斯（Arno Allan Penzias，1933—　）和美国物理学家威耳逊（Robert Woodrow Wilson，1936—　）正在研究来自天空的无线电波辐射。

无论科学家们从哪个方向看，只要他们能透视得足够远，他们就能探测到已经经历了几十亿年的辐射。如果真有这样的大爆炸，那么辐射只能起源于大爆炸本身。彭齐亚斯和威耳逊发现了来自天空各处的具有相同强度的微弱无线电波噪声，它们就代表了大爆炸遥远的"回声"。物理学家们接受了这种观点，并据此创立了大爆炸理论。彭齐亚斯和威耳逊也因此获得了1978年的诺贝尔奖。

当然，大爆炸理论也有其自身的问题。例如，它是什么时候发生的？解决这一问题的途径之一就是测出目前宇宙膨胀的速率，然后往回推算，并考虑到随着宇宙变得越来越小、越来越稠密而导致的引力的增强。

但是，这种方法说起来容易做起来难。测定膨胀速率的方法有几种，一种是测定最早的恒星的年龄，另一种是测定我们所能看见的最远的天体离我们的距离（那就可以计算出辐射从这些天体到达地球所需的时间）。

对于大爆炸发生的时间有不同的估算结果，其变化范围为100亿到200亿年前。通常，人们会取中间值，认为宇宙从大爆炸的时刻算起，至今已经历了150亿年，而我觉得实际更接近于200亿年。*

另外还有一些更加难以捉摸的困难。彭齐亚斯和威耳逊从天空任

---

* 根据最新的观测数据，科学界目前普遍认为宇宙自大爆炸以来存在了138亿年。——译者

何部位探测到的无线电波噪声，都是完全一致的，这表明宇宙的总体（平均）温度为3K。这个结果令人感到困惑，因为要使各处的温度都一样，通常在不同的部分之间必须存在某种形式的接触，从而使热量能从一处流到另一处，从而达到均衡。而这种情况在宇宙中是不可能发生的，因为宇宙的不同部分之间相隔的距离非常遥远，即使以光速也不可能在宇宙的整个生命历程内走完这段距离。我们知道，没有任何东西能比光更快，那么是什么使温度达到均衡的呢? 也就是说，是什么使宇宙如此平坦的呢?

另一个问题刚好相反。假如宇宙是平坦的，为什么它不能一直保持平坦呢? 为什么它不是一团始终不断膨胀的平淡无奇的亚原子粒子呢? 为什么粒子会聚集成一些巨大成片的星系团，而星系团中又包含了一些由恒星组成的星系呢? 换句话说，就是宇宙为什么会在某些地方如此平坦，而在别的地方又如此凹凸不平呢?

另外还有其他一些问题，如年龄、平坦度、成团性等等，而它们都只取决于大爆炸后的最初瞬间，即在宇宙形成的最初阶段所发生的一切。自然，当时没有人能目睹这一切。但是，科学家们总想根据他们所了解的宇宙现状，以及他们已经获得的有关亚原子粒子的知识来推出当时的情况。

因此，他们假定，随着时间不断向后倒退，就会越来越接近大爆炸，温度会越升越高，能量密度也会越来越大。科学家们觉得，他们不可能考虑大爆炸后 10^{-45} 秒(十万亿亿亿亿亿分之一秒)以内那段时间。因为在如此短的时间内造成的情况太极端了，因而对于空间和时间本身来说已经没有意义了。

但是，宇宙却在短得令人难以想象的时间内迅速冷却。最初的宇宙只是一片夸克的海洋。夸克能自由地存在是因为当时没有任何其他东西能够存在，而且这些夸克所具有的能量实在太高，以至于无法平静下来相互结合。

然而,到了宇宙诞生后的百万分之一秒时,夸克分成了当今的夸克和轻子,而且那些已经充分冷却的夸克可以相互结合,从而形成重子和介子。从此就再也见不到自由夸克了。开始时只有1种形式的相互作用,到这时就已经分成了我们目前所知的4种。到了宇宙诞生1秒钟后,它已变得很稀薄,达到使中微子不再与其他粒子发生相互作用的程度。从此,这些中微子自由地存在于宇宙之中,与宇宙的其余部分不发生任何关系,并一直延续至今。当到了宇宙诞生3分钟后,较简单的原子核便开始形成。

10万年后,电子开始环绕在原子核周围,于是原子便形成了。之后,物质开始聚集成星系和恒星,宇宙开始呈现出人们熟知的形状。

然而,科学家们仍然无法阻止自己去思考零时点,也就是10^{-45}秒这个时限之前实际发生大爆炸的那一瞬间。那么宇宙蛋的物质又是从哪里来的呢?

如果我们考虑的是形成宇宙蛋之前的情况,我们也许会把它设想成一望无际的虚无世界。这种描述显然是不切实际的。在虚无中却蕴含着能量。它并不是完全真空的,因为根据定义,真空应该不含任何东西。然而,爆前宇宙却含有能量,尽管它的所有性质与真空完全不同,人们还是把它称为假真空。从这个假真空当中,随机变化的看不见的力刚巧会把能量充分地聚集在一起,并在该处以微小物质点的形式出现。事实上,我们可以把这个无边无际的假真空想象成到处都是泡沫、泡团以及生成的物质小碎片,就像海浪产生的泡沫一样。

这些生成的物质小碎片,其中有些可能会立刻消失,下沉到它们原来的假真空中去。而另外一些则可能会变得足够地大,或在这样的情况下已经按照形成宇宙的方式形成宇宙,并迅速膨胀,使得宇宙能生存几十亿年。

我们居住的宇宙也许只是处于不同发展阶段的无数个宇宙中的一个。据我们所知，这些宇宙具有各自不同的一套自然定律。但是，我们绝对不可能与其他任何宇宙发生联系，永远只能将自己限制在自己的宇宙之中，就像夸克被囚禁在强子中一样。我们没有必要为此而感到烦恼，因为我们的宇宙自身已经足够大了，无论从哪个角度来说，其变化多端已足以使人感到困惑了。

根据这样的宇宙起始观点，美国物理学家古思（Alan Harvey Guth，1947—　）于1980年提出，宇宙的最初阶段，有一个迅速"暴胀"的时期，它被描述为暴胀宇宙。

要想了解暴胀的周期有多短暂、暴胀有多巨大是很困难的。暴胀大约起始于10^{-35}秒，然后宇宙每隔10^{-35}秒体积便增长一倍。经过1000次成倍暴胀后（仅仅在大爆炸后的10^{-32}秒），暴胀就停止了。然而，就是这段短暂的时间（10^{-32}秒）已足以使宇宙的体积扩大10^{50}倍。当宇宙的体积暴胀为开始时的10^{50}倍时，它的暴胀期就结束了。而且，在体积增大的同时，它占据了更多的假真空空间，并包含了更多的能量，从而大大增加了它的质量。由此可见，正是这种迅速的初始暴胀，使宇宙变得光滑而平坦，而它拥有的质量密度刚好使自己处在开和闭的分界线上。

古思的暴胀宇宙论不能解释当今宇宙的所有特性。但是，科学家们一直在对它进行修正，以便使它能更好地描绘围绕我们的宇宙，尤其是关于星系的形成。

为了做到这一点，必须进行更进一步的统一。不仅必须将强相互作用和电弱相互作用统一在单一体系中，而且还必须包括引力相互作用。到目前为止，引力一直与所有试图将其统一起来的努力相悖。但是，科学家们正在研究一种所谓的超弦理论，这种理论也被称做"万物至理"（theory of everything）。

根据这个理论，不仅重子和轻子要归并在一起，作为某种更加基本的粒子的两个不同实例，而且费米子和玻色子同样也要统一起来，并作为某种更加基本的粒子的两个不同实例。在已经被假定存在的一组新粒子中，有与我们所说的玻色子相类似的新费米子，以及与我们所说的费米子相类似的新玻色子。

我不能预言这种理论的前途究竟如何。到目前为止，似乎还没有一种观点能概括当前的想法，因为它必然会发生变化，而且几乎天天都在进行修正。此外，目前还没有任何观测结果能支持这种理论，所以它还只是一种推测。

然而，科学家们仍然梦想着有一组方程式能够包罗存在于宇宙中的所有粒子，以及它们之间的所有相互作用。这就需要人们对宇宙进行确切的描述，说明宇宙起始于一种相互作用控制的单一类型的粒子——随着这种粒子的逐渐冷却，它会分裂成我们今天所经受的各种类型的粒子。

所有这一切都起源于古人提出的问题——物质究竟能分割到什么程度。由此可见，提出正确的问题会带来什么结果。

图书在版编目(CIP)数据

亚原子世界探秘：物质微观结构巡礼/(美)艾萨克·阿西莫夫著；朱子延，朱佳瑜译.—上海：上海科技教育出版社，2019.1（2022.7重印）

（哲人石丛书：珍藏版）

ISBN 978-7-5428-6699-8

Ⅰ.①亚… Ⅱ.①艾… ②朱… ③朱… Ⅲ.①粒子—研究 Ⅳ.①O572.2

中国版本图书馆CIP数据核字(2018)第054275号

责任编辑	洪星范　卞毓麟	**出版发行**	上海科技教育出版社有限公司	
	傅　勇　王怡昀		（201101上海市闵行区号景路159弄A座8楼）	
封面设计	肖祥德	**网　　址**	www.sste.com　www.ewen.co	
版式设计	李梦雪	**印　　刷**	常熟文化印刷有限公司	
		开　　本	720×1000　1/16	
亚原子世界探秘——物质微观结构巡礼		**印　　张**	16.5	
[美]艾萨克·阿西莫夫　著		**版　　次**	2019年1月第1版	
		印　　次	2022年7月第4次印刷	
朱子延　朱佳瑜　译		**书　　号**	ISBN 978-7-5428-6699-8/N·1024	
		图　　字	09-2018-1014号	
		定　　价	42.00元